普通高等学校艺术设计专业"十三五"规划教材

Illustrator
基础与实例

主编 关淼 解艳

U0247471

江苏大学出版社
JIANGSU UNIVERSITY PRESS

镇 江

图书在版编目(CIP)数据

Illustrator 基础与实例 / 关淼，解艳主编. —镇江：江苏大学出版社，2018.10
ISBN 978-7-5684-0943-8

Ⅰ.①I… Ⅱ.①关… ②解… Ⅲ.①图形软件—高等职业教育—教材 Ⅳ.①TP391.41

中国版本图书馆 CIP 数据核字(2018)第 212382 号

Illustrator 基础与实例
Illustrator Jichu yu Shili

主　　编/关　淼　解　艳
责任编辑/权　研　米小鸽
出版发行/江苏大学出版社
地　　址/江苏省镇江市梦溪园巷 30 号(邮编:212003)
电　　话/0511-84446464(传真)
网　　址/http://press.ujs.edu.cn
排　　版/镇江文苑制版印刷有限责任公司
印　　刷/南京孚嘉印刷有限公司
开　　本/787 mm×1 092 mm　1/16
印　　张/14.5
字　　数/357 千字
版　　次/2018 年 10 月第 1 版　2018 年 10 月第 1 次印刷
书　　号/ISBN 978-7-5684-0943-8
定　　价/59.80 元

如有印装质量问题请与本社营销部联系(电话:0511-84440882)

前言 Foreword

Illustrator 是由 Adobe 公司开发的矢量图形处理和编辑软件，它功能强大、易学易用，集图形处理、文字编辑和高品质输出于一体，深受图形图像处理爱好者和平面设计人员的喜爱，现已被广泛应用于各类热门设计领域中，如企业 VI、UI 界面、包装设计、房地产广告、车类广告、卡片设计、插画设计等，是目前世界上最优秀的矢量绘图软件之一。

一、本书特点

1. 本书以注重学生应用能力培养为原则，力求从实际应用的需要出发，加强应用性和可操作性的内容，在内容编写方面，力求细致全面、重点突出，并及时地插入操作实例；在文字叙述方面，注意言简意赅、通俗易懂；在案例选取方面，强调案例的针对性和实用性，力求通过课堂案例演练，使学生快速熟悉软件功能和艺术设计思路。

2. 本书共 11 章，通过理论与实践相结合，全面详细、由浅入深地介绍了 Illustrator 的各项功能，全书共分为四大部分：

第一部分："初始篇"，介绍 Illustrator 及其应用领域，电脑绘图的基本常识，注重相关基础知识的引导，Illustrator 界面相关功能及使用技巧，让读者快速掌握 Illustrator 的基础知识及该软件的核心技术。

第二部分："基础篇"，介绍绘制与编辑图形的方法，图形的变换操作技巧等，注重精华内容的操练，以实际案例为主，锻炼实际操作能力，让读者在实践中巩固理论知识，快速提升制作与设计能力。

第三部分："提高篇"，深入讲解对象的填充和描边，画笔和效果，混合和封套扭曲功能，图层和蒙版，图表的制作与编辑，作品输出等操作方法和技巧。结合设计理论与软件技术进行讲解，让读者快速掌握软件的操作技巧。

第四部分："设计应用篇"，通过来自于不同广告设计公司、大赛获奖作品等真实项目，使读者在每个具体的任务实施过程中掌握实际操作技巧与基础知识。

二、配套资源下载

为了方便教学，本书还配有电子课件，相关教学资源。其中教学资源文件作为学习资料可直接下载。

三、编写分工

本书由关淼、解艳组织编写。在编写中，关淼主要负责第二、三、四、五、六、七、八、九章的编写，解艳主要负责第一、十、十一章的编写。本书在编写过程中得到了各方面的大力支持，同时也参阅了许多参考资料，使用了某些网站的网页和图片资料等，在此一并表示感谢。

由于编者学识水平有限，且撰写时间仓促，书中难免存在不足之处，敬请各位专家和读者不吝赐教。

目录

Contents

Illustrator 基础与实例

初 始 篇

第 1 章　Illustrator 基础知识

学习目标：

① 了解 Illustrator 及应用领域；

② 了解电脑绘图的基本常识；

③ 了解掌握 Illustrator 界面相关功能及使用技巧；

④ 掌握文件的基本操作方法。

第 1 节　Illustrator 的简介与应用领域

Adobe Illustrator（简称 AI）是美国 Adobe 系统公司（Adobe Systems Incorporated）推出的一款重量级矢量绘图排版软件，也是艺术设计必须掌握的基本软件技能。该软件将图形绘制、图形编辑、矢量插图、版面设计、位图编辑及绘图工具等多种元素合为一体，广泛地应用于平面广告设计、VI 设计、产品包装设计、书籍装帧、插图创作等诸多领域。据不完全统计，全球有 97% 的设计师和专业插画家都在使用 Illustrator 软件进行艺术设计，该软件的使用对象非常广泛。

1. 平面广告设计

平面广告设计种类多样。就形式而言，它是传递信息的一种方式，是广告主与受众间的媒介，如平时我们常见的印刷类广告（卡片、DM 单、折页、海报、杂志、报纸、样本画册等）、室内广告（场景广告、POP 广告等）、户外广告（路牌广告、车体广告等），这一系列静态的画面，都属于平面设计范畴（如图 1-1、图 1-2）。

图1-1　招贴广告　　　　　　　　　　　　　　图1-2　公益广告

2. VI 设计

　　CIS 企业形象识别设计包括理念识别系统（MI）、行为识别系统（BI）、视觉识别系统（VI）、听觉识别系统（HI），其中 VI 视觉识别系统是 CIS 形象识别系统的一个重要组成部分，通常是以标志为核心展开设计的，包括基础系统和应用系统在内的一整套 VI 手册内容。而整套手册内容又离不开 Illustrator 软件的应用（如图1-3）。

图1-3　VI手册制作

3. 插画设计

插图设计作为现代设计的一种重要的视觉传达手段，以其直观的形象性、真实的生活感和美的感染力在现代设计中占有特定的地位，从广告设计、商品包装到书籍装帧、宣传样本、展示设计等，已普遍用于现代设计领域的各个方面。采用这种图文并茂的设计效果以达到视觉化的造型表现，是 Illustrator 的特长（如图 1-4）。

图 1-4　插画设计

第 2 节　电脑绘图的基本常识

1. 矢量图和位图的区别及特点

在使用计算机绘图时，可形成两种形式的图像，即矢量图形和位图图像。Illustrator 既可以处理矢量图形也可以处理位图图像。

（1）矢量图

它又称为向量图。矢量图形中的图形元素（点和线段）称为对象，每个对象都是一个单独的个体，它具有大小、方向、轮廓、颜色和屏幕位置等属性。

特点：矢量图形能重现清晰的轮廓，线条非常光滑且具有良好的缩放性，可任意将这些图形缩小、放大、扭曲变形、改变颜色，而不用担心图像会产生锯齿，矢量图所占空间极小，只与图像的复杂程度有关，易于修改。

优点：矢量图尤其适用于标志设计、图案设计、文字设计和版式设计等，它采取高分辨率，可在任何输出设备上打印输出。

缺点：图形不真实生动，颜色不丰富，无法像照片一样真实地再现这个世界的颜色（如图1-5）。

图1-5　矢量图效果

（2）位图

它又称为点阵图、像素图或栅格图。位图图像是由许多细小的色块组成，每个色块就是一个像素，每个像素只能显示一种颜色。图像的像素与图像的分辨率有关，单位面积内像素越多分辨率就越高，图像的效果就越好，反之就越差。位图的单位是像素（Pixel）。

常用的输出分辨率单位是dpi，是针对输出设备而言的。喷墨彩色打印机分辨率是180～720dpi，激光打印机分辨率是300～600dpi，扫描仪的分辨率为300dpi。

优点：位图图像善于重现颜色的细微层次，能够制作出色彩和亮度变化丰富的图像，可逼真地再现这个世界，更易于模拟照片或真实效果。位图图像的大小和质量取决于图像中像素点的多少，色调方面的效果比矢量图更加优越，尤其是在表现阴影和色彩的细微变化方面效果更佳。

缺点：文件庞大，不能随意缩放；打印和输出的精度是有限的。制作位图的软件主要有Adobe系统公司的Photoshop软件和微软公司的画图软件（如图1-6）。

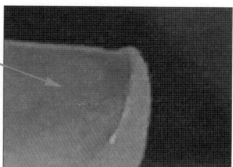

图1-6　位图图像放大后效果

2. 平面设计重点应掌握的软件（如图 1-7）

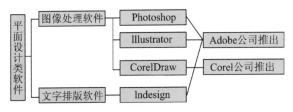

图 1-7　平面设计重点掌握的软件

3. 平面设计软件功能的比较（如图 1-8）

功能　　　　　　类别	功能作用		
	图像处理能力	图形绘制能力	文字排版能力
Photoshop	强大	一般	较差
CorelDraw、Illustrator	较弱	强大	较强
Indesign	差	一般	强大

图 1-8　平面设计软件功能比较表

第 3 节　Illustrator 的工作界面

Illustrator 运行后的工作界面如图 1-9 所示：

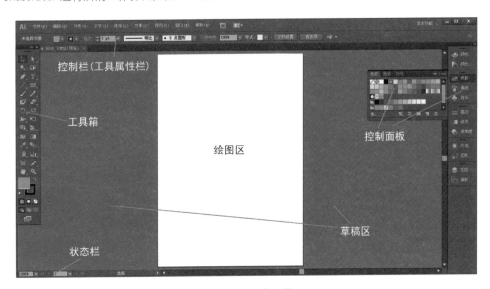

图 1-9　工作界面

1. 用户界面在默认的情况下是深灰色。用户可以根据习惯，更改为其他颜色。

更改用户界面颜色的方法：【编辑】菜单|【首选项】|【用户界面】，在对话框中更改颜色即可
（如图1-10、图1-11）。

图1-10　用户界面调用方法

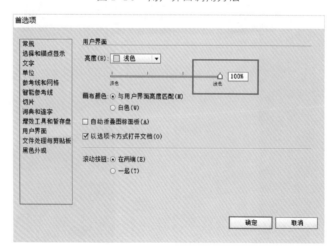

图1-11 用户界面面板

2. 整个界面包括标题栏、菜单栏、控制栏、控制面板、工具箱、状态栏等

（1）标题栏：Bridge 浏览器，其功能非常强大，可以访问普通浏览器预览不了的格式，对图片的管理分类做得很到位。

（2）菜单栏：共九个菜单，包括文件、编辑、对象、文字、选择、效果、视图、窗口、帮助。快捷键【Alt +热键】调用菜单（如图1-12）。

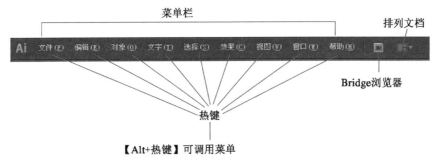

图1-12　菜单栏

（3）控制栏：控制栏也叫工具属性栏。

选择某一工具后，即可出现属性栏，选择工具不同，属性栏中的选项也会有差异。控制栏的显示与隐藏：【窗口】菜单｜【控制】命令（如图1-13）。

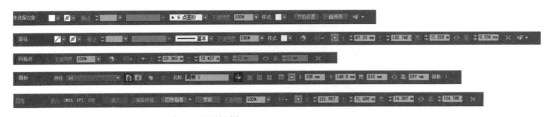

不同工具的属性栏

图1-13　各工具控制栏参数

（4）控制面板：在窗口菜单中可以控制各种面板的显示与隐藏。

特点：面板可收缩和展开，面板也可拆开，也可组合。初学者可将面板的名称显示出来，方法是将光标放在右侧面板窗口边缘，出现"双箭头"拖拉。快捷键【Tab + Shift】：可显示或隐藏控制面板（如图1-14）。

（5）工具箱：【窗口】菜单｜【工具】命令。

显示或隐藏工具箱和控制面板快捷键：【Tab】键（如图1-15）。

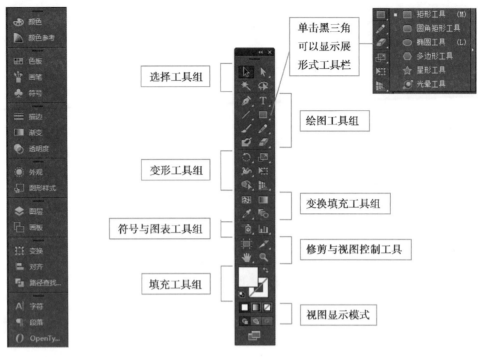

图 1-14　控制面板　　　　　　　　　　　　　　　　　图 1-15　工具箱

3. 更改屏幕模式，在 AI 中提供三种模式（如图 1-16）

三种模式的切换方式：工具箱下方的 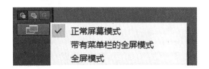 图标；快捷键【F】。

图 1-16　屏幕模式

第 4 节　文件的基本操作

1. 文件的创建与修改

（1）在 AI 中，画板相当于页面。创建方式有三种：

① 选择【文件】菜单 I【新建】命令。

② 快捷键【Ctrl+N】，弹出"新建文档"对话框。

③ 从模板中创建文件——有利于快速创建修改。

新建画板如图1-17所示。

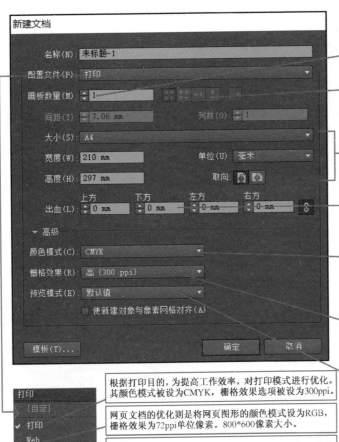

该设置用于指定文档中包含多少个画板。单个Illustrator文档包含多达100个画板。

该设置右侧的箭头图标可用于控制画板如何出现在文档中。

文件的大小、单位设置和画板方向

必要时，该设置用于指定一个扩展区域，使图稿超越画板边界。出血设置被应用于单个文档的所有画板（单个Illustrator文档中的两个画板不可能出现不同出血设置）。

Illustrator支持两种颜色模式：CMYK和RGB，前者做出来的图像可以用来打印，后者设置可以控制分辨率真。

在应用柔和和投影、发光和PS滤镜(例如高斯模糊)这样的特效时栅格效果设置可以控制分辨率。

该设置用于设置初始预览选项。用户可以保留它的默认设置（这是Illustrator中的常规预览设置），也可以使用像素（可以更好地呈现网页和视频图像）可叠印（可以更好地呈现打印图形和专色）。

根据打印目的，为提高工作效率，对打印模式进行优化。其颜色模式被设为CMYK，栅格效果选项被设为300ppi。

网页文档的优化则是将网页图形的颜色模式设为RGB，栅格效果为72ppi单位像素。800*600像素大小。

优化移动设备配置文件的目的是开发显示在手机和其他掌上设备上的信息。其颜色模式被设为RGB，栅格效果为72ppi，单位为像素。

视频和胶片配置文件，能够创建应用在视频和胶片程序中的文件，该文件的颜色模式被设为RGB，栅格效果为72ppi，单位为像素。

图1-17　新建画板

(2) 文档的修改

①【文件】菜单｜【文档设置】；快捷键【Alt+Ctrl+P】(如图1-18)。

图1-18　文档设置面板

② 修改画板工具 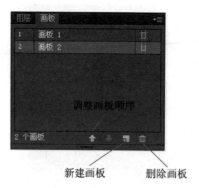；快捷键【Shift +O】。

③【窗口】菜单｜【画板面板】，可新建画板，建立多个画板，也可以删除（如图1-19）。

调整画板顺序

新建画板　　删除画板

图1-19　画板面板

【总结】画板的顺序可以随意调整；画板的大小可以随意调整；画板的数量可以随意添加。

2. 文件的打开与置入

（1）文件的打开：【文件】菜单｜【打开】命令；或使用快捷键【Ctrl +O】。

（2）文件的置入：【文件】菜单｜【置入】命令。

（3）打开与置入的区别

打开：AI打开的一般是可直接编辑的矢量图，是软件支持的格式，且打开的是一个新的文件。

置入：将图像置入到当前文档中，一般置入的图像是位图。

3. 文件的保存与导出

图形绘制完成或绘制过程中都要注意保存，保存的方法有替换保存、存储为、存储为副本、存储为模板，还可以将绘制的图形导出为位图图像，根据需求不同，图形存储的格式也会不同。

（1）常用的图形文件格式

所谓文件格式是指文件最终保存在计算机中的形式，即文件以何种形式保存在文件中再编辑，因此了解各种文件格式的特点对不同软件在进行编辑与绘制、保存及转换上有很大的帮助。

AI 格式

AI格式是一种矢量图形文件格式，是Illustrator软件输出默认格式，与PSD格式文件相同。AI文件也是一种分层文件，每个对象都是独立的，它们具有各自的属性，如大小、形状、轮廓、颜色、位置等。以这种格式保存的文件便于修改，这种格式文件可在任何尺寸大小下按最高分辨率输出。

PSD 格式

PSD格式是Photoshop软件专用格式。它可以将图像数据的每一个细节进行存储，图像所含的每一个图层、通道、路径、参考线、注释和颜色模式等信息都保留不变，且各图层中的图像相互独立。其唯一的缺点是PSD格式所包含图像的数据信息较多，存储的图像文件比较大。在AI中也可以将图形输出为PSD格式的图像文件，并保留原文件的许多特性。

JPEG 格式

JPEG 是常见的一种有损压缩格式。JPEG 文件的扩展名为 . jpeg 或 . jpg，此文件格式仅适用于保存不含文字或文字较少的图像。JPEG 格式保存的图像文件多用于网页的素材图像。目前各类浏览器均支持 JPEG 这种图像格式。JPEG 格式支持 CMYK、RGB 等颜色模式。

TIFF 格式

TIFF 格式也是一种应用非常广泛的图像文件格式。它支持包括一个 Alpha 通道的 RGB、CMYK、灰度模式，以及不包含 Alpha 通道的 Lab 颜色、索引颜色、位图模式，并可设置透明背景。

PDF 格式

PDF 格式，是最常用的电子文档格式。

（2）文件的保存

替换存储

执行文件菜单下的存储命令；快捷键【Ctrl+S】。

特点：在文件第一次保存时，需要输入保存文件的文件名、位置、格式等信息。在绘制过程中，再次执行此命令时，即可直接替换原有保存的文件（如图1-20）。

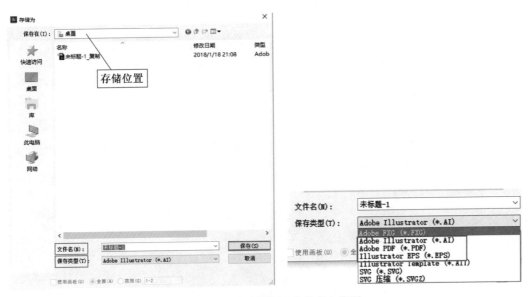

图1-20 储存为面板及文件保存类型

存储为

执行【文件】菜单 |【存储为】命令；快捷键【Ctrl+Shift+S】。

特点：可更换原有保存路径、名称、格式进行存储；也可更改软件版本存储。

存储为副本

执行【文件】菜单 |【存储为副本】命令；快捷键【Alt+Ctrl+S】。

特点：在存储时，名称中将自动添加"复制"或"副本"。

存储模板

执行【文件】菜单 | 【存储为模板】命令。

特点：可以将经常用到的图像进行存储，节约操作实践，例如：名片往往只改名字即可。

（3）文件的导出

文件菜单下的导出命令，选择相关的位图格式。

特点：将绘制的图形导出成多种格式的文件，如常用的导出格式有 JPG 格式和 PSD 格式，实际中会经常用导出命令功能，以便于在其他软件中打开进行编辑，也可在对话框内设置导出范围参数（如图 1-21）。

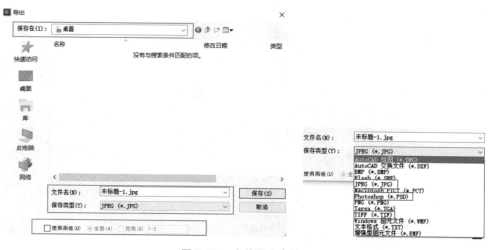

图 1-21　文件导出参数

4. 文件的关闭

文件菜单下的关闭命令：

① 关闭当前选择的文件：快捷键【Ctrl + W】。

② 关闭所有打开的文件：快捷键【Ctrl + Alt + W】。

第 5 节　绘图前的准备工作

视图操作是学习该软件的第一步，熟练掌握视图操作方法及技巧可大大提高软件学习、使用的效率，本节将以总结的形式对此功能进行分析讲解，这样有利于在实践中的应用。

1. 视图控制

重点掌握：① 缩放工具【Z】，控制图像的显示百分比；② 抓手工具【H】，控制图像的全页显示和页面平移（如表 1-1）。

表 1-1 视图控制功能表

视图控制方法	操作特点	调用及使用技巧
缩放工具🔍 快捷键【Z】 单击放大	① 在页面中单击即可放大； ② 在页面中按住拖曳范围框，即可将范围框内图像放大。	【视图】菜单｜【放大】命令
		快捷键【Ctrl + +】
		快捷键【Ctrl + 空格 + 鼠标】
Alt +🔍 单击缩小	在选中放大镜工具的情况下，按住 Alt 键，放大镜中的加号变成减号，单击即可将图像缩小。	【视图】菜单｜【缩小】命令
		快捷键【Ctrl + −】
		快捷键【Ctrl + Alt + 空格 + 鼠标】
实际大小缩放	在页面中双击，即可将图像以实际大小进行缩放，100% 显示图像。	【视图】菜单｜【实际放大】命令
		快捷键【Ctrl + 1】
		双击缩放工具
全部适合窗口大小	执行该命令，可将文档中存在多个画板全部显示在窗口中。	【视图】菜单｜【实际适合窗口大小】命令
		快捷键【Ctrl + Alt + 0】
导航器	① 通过导航器调板控制图像的显示百分比。 ② 按住 Alt 键，在导航器内按住拖曳放大镜，即可将放大镜内的区域以最大化形式显示。	【视图】菜单｜【导航器】命令
抓手工具 全页显示 全画板显示	① 平移功能，选择抓手工具在页面内按住拖动，可平移画面，在使用其他工具时，可按【空格键】临时切换为抓手工具，进行平移操作。 ② 双击抓手工具，可将画板适合窗口大小显示。	【视图】菜单｜【画板适合窗口大小】命令
		快捷键【Ctrl + 0】
		双击抓手工具
状态栏	可查看页面图像的现实比例	状态栏左下角的 图标

2．Illustrator 辅助作图功能

Illustrator 主要的辅助作图功能是标尺、辅助线、网格，其作用是绘制图形时做参照，用于度量图形的尺寸，同时对图形进行准确定位，使图形的设计更加方便准确，利用这些辅助功能进行标准化制图。

（1）标尺

在使用 AI 软件做平面设计的时候，经常会用到标尺，作为各个元素的参考点。

运用标尺的精确性来进行标准作图。

显示和隐藏标尺的方法：① 视图菜单下的标尺命令；

② 快捷键【Ctrl + R】（如图 1-22）。

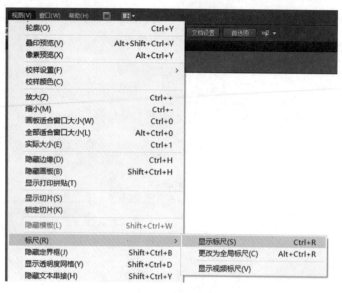

图 1-22　标尺命令

使用技巧：打开标尺之后，会看到画布上方、左方都出现了标尺的刻度。

① 标尺的单位设置：

方法一：点击右键，即可显示标尺的单位，可在右键菜单中进行单位切换；

方法二：【编辑】菜单｜【首选项】命令｜单位和显示性能（如图1-23）。

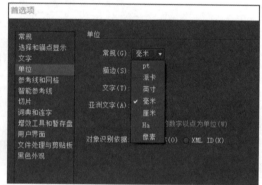

图 1-23　标尺单位的设置方法

② 设置原点位置：默认的情况下，页面的左上角位置按住鼠标拖曳左上角坐标原点到页面的任意一个点，这个点就是原点。

技巧：在拖曳原点位置时，开启智能参考线【Ctrl+U】，自动对齐（如图1-24）。

③ 坐标原点的还原：双击标尺左侧和上侧相交的坐标原点，可将原点位置恢复默认值。

④ 全局标尺和画板标尺的区别：

【视图】菜单｜【标尺】命令，可更改全局标尺和画板标尺。

全局标尺：不管多少画板，在切换画板时，原点位置不变。

画板标尺：切换到哪个画板，原点就显示在哪个画板上。

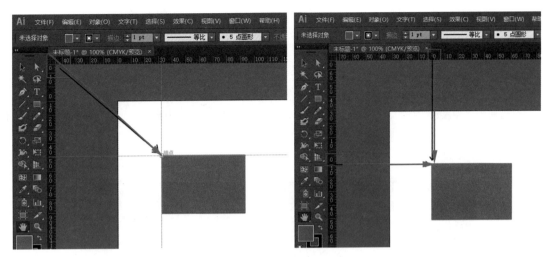

图 1-24　设置原点的位置

（2）参考线

建立参考线的方法：

① 可直接从标尺上向页面进行拖曳建立参考线，此时，参考线占满整个工作区。

②【视图】菜单｜【参考线】命令。

③ 将图形路径转换为参考线。

转换方法：单击选择要转换为参考线的图形和路径，选择【视图】菜单｜【参考线】｜【建立参考线】命令；快捷键【Ctrl +5】。

④ 将参考线释放，转换为图形和路径。

转换方法：单击选择要转换为图形和路径的参考线，选择【视图】菜单｜【参考线】｜【释放参考线】命令；快捷键【Ctrl +Alt +5】。

⑤ 显示或隐藏参考线：【视图】菜单｜【参考线】｜【显示或隐藏参考线】命令；快捷键【Ctrl +;】。

使用技巧：

① 按住【Shift】键，可以将参考线对齐到刻度。

② 按住【Alt】键，可以切换水平或垂直的参考线。

③ 按住【Alt +Shift】键，可以切换水平或垂直参考线并对齐到刻度。

④ 移动参考线：深色代表可以移动的，选中辅助线，在变换面板中改 X/Y 坐标，竖向辅助线改 X 值，横向辅助线改 Y 值。

⑤ 旋转参助线：也是在变换面板中改输入旋转角度的值，定位一定是中心。

⑥ 定参考线：【视图】菜单｜【参考线】｜【锁定参考线】命令；快捷键【Ctrl +Alt +;】。

⑦ 删除参考线：【视图】菜单｜【参考线】命令｜【删除参考线】。

注意：如果参考线是锁定状态，需要先解除锁定，再使用选择工具按住 Del 键，删除即可。

⑧ 智能参考线:【视图】菜单 |【智能参考线】命令; 快捷键【Ctrl+U】。

(3) 网格

显示和隐藏网格的方法:

① 【视图】菜单 |【显示网格】命令。

② 快捷键【Ctrl+"】。

辅助线网格的颜色、样式、间隙等属性设置方法:【编辑】菜单 |【首选项】|【参考线和网格】选项参数(如图1-25)。

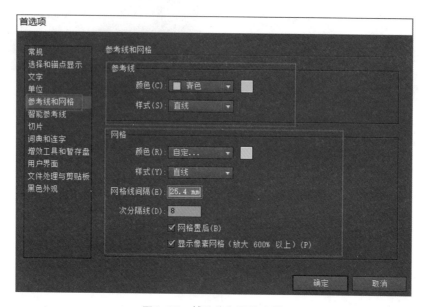

图1-25 辅助线和网格参数

技巧点睛

内 容	技 巧
AI 中如何设置页面大小	利用画板工具或快捷键【Shift +O】
AI 中如何调整画板的顺序	利用画板控制面板
AI 中如何排版多个页面	利用存储为命令将多页面文件存储为 PDF 文件
保存和导出有什么区别	可以利用存储的几种方式进行保存,常保存的格式有 AI、EPS、PDF;可将图形导出为 JPG 格式和 PSD 格式,注意导出为 JPG 格式时画板范围的参数设置
AI 界面乱了如何复位还原	右侧面板丢失或混乱:可通过窗口菜单下的面板命令找回。 全部还原:工作界面右上角的【基本功能】按钮	重置基本功能,也叫快速还原。 文件放大找回:也叫页面整体显示,使用快捷键【Ctrl +O】

Illustrator 基础与实例

基础篇

第 2 章　基本绘图与编辑

学习目标：

① 基本图形的绘制方法；

② 基本线条的绘制方法；

③ 网格的绘制方法；

④ 对象的编辑；

⑤ 图形对象的组织；

⑥ 绘制与编辑路径。

第 1 节　绘制基本图形

矩形、圆角矩形、椭圆形、圆形、多边形、星形都属于封闭的图形，在绘制方法上基本相同。但每个图形在绘制过程中又存在一些特殊的技巧，这些特殊的技巧会给我们的操作提供了很多捷径。

1. 封闭图形的基本绘制技巧

（1）绘制不规则封闭图形

选择工具箱中的矩形、圆角矩形、椭圆形、多边形、星形工具，随意拖曳可绘制不等比的封闭图形（如图 2-1、图 2-2）。

图 2-1　封闭图形工具组

图 2-2　绘制不规则封闭图形

（2）准确绘制封闭图形

准确绘制图形是精确作图的一种方法。选中工具后在绘图区域任一位置单击，将出现相关工具对应的参数对话框，可输入尺寸等相关参数（如图 2-3）。

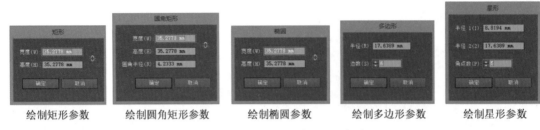

绘制矩形参数　　　绘制圆角矩形参数　　　绘制椭圆参数　　　绘制多边形参数　　　绘制星形参数

图 2-3　不同绘图工具精确绘制参数

如何验证图形的标准尺寸？

① 选中矩形，框选，碰到矩形就选中了，叫交叉选择。

② 执行【窗口】菜单│【变换】命令或快捷键【Shift +F8】，即可打开【变换】面板，在面板中将显示图形的宽、高等信息（如图 2-4）。

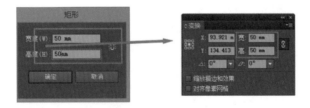

图 2-4　变换面板验证矩形标准尺寸

（3）隐含知识点：简单的上色去色功能（如图 2-5、图 2-6）。

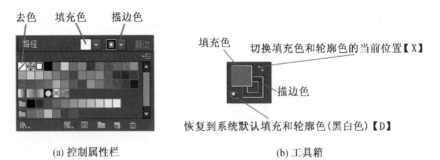

（a）控制属性栏　　　　　　　　　　　　　（b）工具箱

图 2-5　通过控制属性栏和工具箱上色

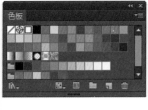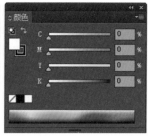

图 2-6　通过颜色面板上色

2. 封闭图形的特殊绘制技巧

（1）矩形、圆角矩形和椭圆形特殊绘制技巧（如图 2-7）。

① 绘制正方形、正圆角矩形和正圆形：选择矩形、圆角矩形、椭圆形工具，按【Shift】键拖曳，即可绘制正方形、正圆角矩形、正圆形。另外工具面板中的参数也可控制绘制正基本形状。

② 由中心绘制矩形、圆角矩形和椭圆形：选择矩形、圆角矩形、椭圆形工具，按【Alt】键，即可以鼠标单击点为中心点开始绘制矩形。

③ 由中心绘制正基本形状：选择矩形、圆角矩形、椭圆形工具，按【Shift + Alt】键，可控制矩形、圆角矩形、椭圆形，以鼠标起点为中心向外绘制正基本形状。

④ 按【空格键（Space 键）】，暂时"冻结"正在绘制的基本形状，此时可拖动对象到绘图区任意位置以重新定位，松开后即可继续绘制。

⑤ 绘制时按"～"键，以绘制对象的起点为中心复制对象。

⑥ 圆角矩形的圆角半径控制方法：

绘制圆角矩形时，在拖曳过程中，配合快捷键控制圆角的半径。

"向上"方向键	增大圆角半径	"向下"方向键	减少圆角半径
"向左"方向键	可去除矩形圆角	"向右"方向键	设置为最大圆角半径

【编辑】菜单｜【首选项】｜【常规】→可设置圆角半径（如图 2-8）。

图 2-7　按【Shift】键绘制正基本形状　　　　图 2-8　圆角半径设置参数

（2）多边形和星形特殊绘制技巧

① 与矩形的基本绘制方法相同，但多边形和星形绘制时是从中心向四周开始的；

② 绘制多边形和星形时，在拖曳过程中，配合键盘上下方向键来增加或减少多边形的边数和星形角点的数量。注：多边形和星形的边数 3—1000（如图 2-9）。

图 2-9　利用上下方向键控制多边形与星形边数

③ 按【Shift】键，可把多边形和星形摆正，并与基线对齐；

④ 按【空格键】，暂时"冻结"正在绘制的对象，拖动鼠标放到合适位置；

⑤ 绘制时按"～"键，以绘制图形的起点复制对象；绘制过程中可以对象的中心点为基点，边缩放边旋转复制对象；

⑥ 特殊点：按住【Alt】键，使星形的每个角两侧的"肩线"在一条线上（如图 2-10）。

图 2-10　③—⑥的绘图效果

第 2 节　绘制线段和网格

在绘制图形的过程中除了封闭图形，还有一些是开放式的线条。这些线条有的是直线段，有的是弧线，有的是螺旋线，因此在 Illustrator 的工具箱中提供了这三种绘制工具，其操作方法比较简单。

1．直线段工具（\）

直线段工具可用来绘制简单的线条和几何形状（如图 2-11）。

（1）任意拖曳即可绘制直线段。

（2）精确绘制：双击直线工具或者选择工具后在页面上单击可以弹出直线的选项对话框。

注：长度：用来指定线条的总长度。

角度：指定从线条的参考点起算的角度。

线段填色：指定是否使用目前的填充色来填充线条。

注：改变线条的颜色是指轮廓色，而不是填充色。

（3）特殊绘制技巧：

① 按住【Ctrl】键在空白处单击可取消对直线的选择。

② 按住【Shift】键可以绘制45°的整数倍方向的直线。

③ 按住【Alt】键可以绘制以某一点为中心向两端延伸的直线段。

④ 按住【~】键可以在页面上绘制出多个大小不同重叠的对象。

⑤ 按住【Alt + ~】键可以绘制多条通过同一点并向两端延伸的直线段。

⑥ 按【空格键】可对其进行冻结。

 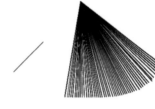 

图2-11 精确绘制线段参数及各种线段绘制效果

2. 弧形工具（）

利用弧形工具可以绘制任意的弧形和弧线（如图2-12、图2-13）。

（1）任意拖曳即可绘制弧线。

（2）精确绘制：双击弧形工具或者选择工具后在页面上单击，可以弹出弧形的选项对话框。

选项参数：

X坐标轴长度——用来指定弧形的X坐标轴的长度。

Y坐标轴长度——用来指定弧形的Y坐标轴的长度。

类型——用来指定对象拥有开放路径或封闭路径。

基线轴——用来指定弧形的方向。选择X坐标轴或Y坐标轴，这取决于要沿水平X坐标轴或垂直Y坐
标轴绘制弧形的基线而定。

斜率——用来指定弧形斜度的方向。如果输入负值则为凹斜面，如果输入正值则为凸斜面，斜面为0
时会建立一条直线。

弧线填色——使用目前的填充颜色来给弧形填色。

（3）按住【Alt】键在画面中拖动即可以绘制以参考点为中心向两边延伸的弧形或弧线。

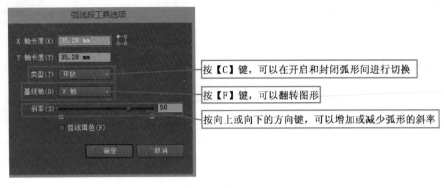

弧线段工具选项

X 轴长度(X) 35.28 mm

Y 轴长度(Y) 35.28 mm

类型(T) 开放

基线轴(B) X 轴

斜率(S)   50

□ 弧线填色(F)

确定   取消

按【C】键，可以在开启和封闭弧形间进行切换

按【F】键，可以翻转图形

按向上或向下的方向键，可以增加或减少弧形的斜率

图 2-12　精确绘制参数与快捷方式对比

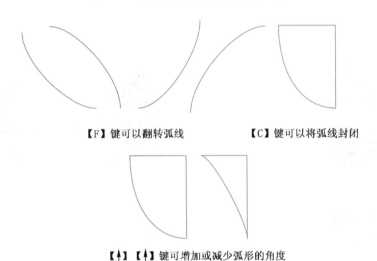

【F】键可以翻转弧线　　　　　　【C】键可以将弧线封闭

【↕】【↕】键可增加或减少弧形的角度

图 2-13　配合快捷方式绘制弧形效果

3. 螺旋线的绘制方法（如图 2-14）

螺旋线可以绘制优美的线条来构成漂亮的图案。

（1）可任意角度拖曳绘制。

（2）精确绘制：双击螺旋线工具或者选择工具后在页面上单击，可以弹出螺旋线的选项对话框，各项参数内容如下：

半径：可控制螺旋线整体半径大小；

衰减：值越大，越接近于圆；值越小，线之间的夹角越大。可用【Ctrl】键来控制衰减。

段数：表示螺旋线一共有几条线段。

样式：表示螺旋线旋转的方向。

（3）制作过程中，按【Shift】键可以使螺旋线以 45°来增量旋转。

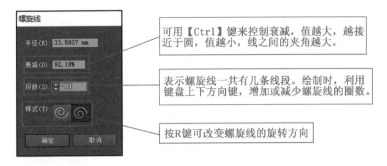

可用【Ctrl】键来控制衰减，值越大，越接
近于圆，值越小，线之间的夹角越大。

表示螺旋线一共有几条线段。绘制时，利用
键盘上下方向键，增加或减少螺旋线的圈数。

按R键可改变螺旋线的旋转方向

图2-14　螺旋线精确绘制参数与快捷操作方式对比

4．矩形网格工具（▦）

在标志的标准化制图时，会经常用到标准网格。在 AI 中，可以利用矩形网格工具来绘制。

（1）选择矩形网格工具，在页面中任意拖曳即可绘制网格。

（2）精确绘制，双击矩形网格工具或选择工具后在页面单击，可以弹出矩形网格工具的选项对话框，各项参数如图 2-15 所示。

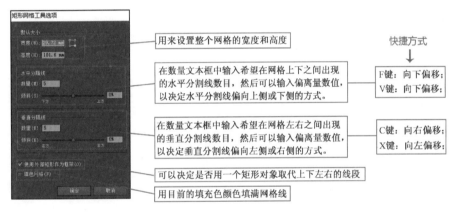

用来设置整个网格的宽度和高度

快捷方式

在数量文本框中输入希望在网格上下之间出现
的水平分割线数目，然后可以输入偏离量数值，
以决定水平分割线偏向上侧或下侧的方式。

F键：向下偏移；
V键：向下偏移；

在数量文本框中输入希望在网格左右之间出现
的垂直分割线数目，然后可以输入偏离量数值，
以决定垂直分割线偏向左侧或右侧的方式。

C键：向右偏移；
X键：向左偏移；

可以决定是否用一个矩形对象取代上下左右的线段

用目前的填充色颜色填满网格线

图2-15　矩形网格工具精确绘制参数与快捷方式操作技巧对比

（3）矩形网格工具的特点

① 如果用移动工具【▶】选择网格则是一个整体，如果用直接选择工具【▷】可以将网格中的单条线选中，之后可继续执行删除或移动等命令，从而对网格进行编辑。

② 利用矩形网格工具选项参数绘制网格时，勾选"使用外部矩形作为框架"项，则绘制的网格取消网格群组（Ctrl + Shift + G）后，外框是一个正方形；不勾选"使用外部矩形作为框架"项，则绘制的网格取消网格群组（Ctrl + Shift + G）后，网格的每一条线都是独立的。

如何绘制内外全部都是正方形的网格？操作步骤如下（如图 2-16）：

① 设置水平垂直网格数量相同，在绘制过程中按住【Shift】键，强制网格整体外观成正方形；

② 选择移动工具，按住【Alt + Shift】键移动复制并利用智能捕捉【Ctrl + U】将其贴齐；

③ 在未取消选择的基础上，按快捷键【Ctrl + D】再制，即按照上一次执行的参数进行复制，可连续按快捷键进行复制多个；

④ 利用移动工具将一横排网格全部选中，同样步骤按住【Alt + Shift】键整体向下移动复制并贴齐；

⑤ 在未取消选择的基础上，按快捷键【Ctrl + D】再制，即按上一次执行的距离进行复制，可连续按快捷键进行复制多个，形成一个由多个小网格组成的大网格，并且大小网格无论内外都是正方形。

这种方法用来制作标志的标准化制图。

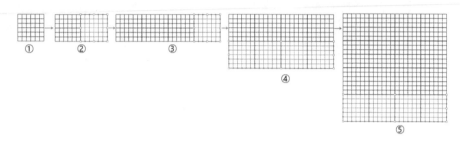

图 2-16　绘制正方形网格的步骤

5. 极坐标网格工具

可以绘制同心圆网格：参数与矩形网格工具相似，在绘制过程中配合快捷键，可绘制很多种极坐标网格图形（如图 2-17）。

① 按【Shift】键：拖曳绘制正网格；

② 按【F】键：拖曳绘制向左偏移；

③ 按【V】键：拖曳绘制向右偏移；

④ 按【C】键：拖曳绘制向外偏移；

⑤ 按【X】键：拖曳绘制向内偏移；

⑥ 按向上方向键：增加圆环的数量；

⑦ 按向下方向键：减少圆环的数量；

⑧ 按向左方向键：减少网格线的数量；

⑨ 按向右方向键：增加网格线的数量。

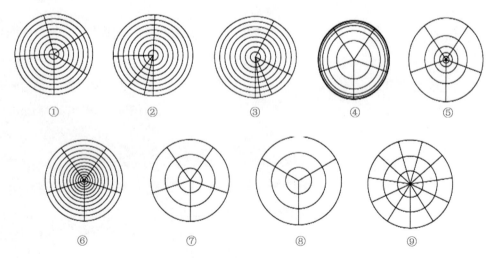

图 2-17　配合不同的快捷键绘制极坐标网格效果

第 3 节　对象的编辑

1. 选择工具的应用（）

选取工具快捷键【V】/临时快捷键【Ctrl】。

选取和移动整个图形对象、路径或文字块，具有缩放、旋转、复制功能。

举例：画一个矩形，填充颜色。

（1）移动功能

① 用选取工具选择并拖曳，可移动图形。

【注意】无填充颜色，不好选择物体，只能拖动边框进行移动。

② 可用方向键进行微调：

可在【编辑】菜单｜【首选项】中设置增量值（如图2-18）；

【上下左右方向键】：移动1倍增量；

【Shift + 方向键】：移动10倍增量。

③ 精确移动：选中物体，双击移动工具，调出移动工具选项面板，可设置精确移动方向的距离值（如图2-19）。

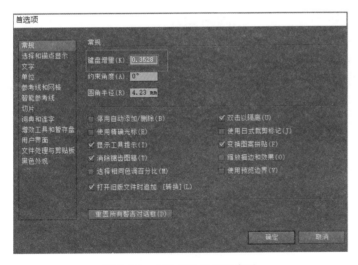

图2-18　首选项设置增量参数

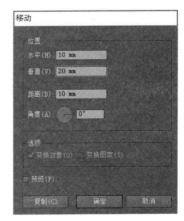

图2-19　移动精确参数

（2）缩放功能

① 任意缩放，用选择工具放在角点的控制柄上，任意拖曳即可缩放；

② 按【Shift】键，等比例缩放；

③ 按【Alt】键，由中心向四周缩放；

④ 按【Alt + Shift】键，由中心向内或向外等比例缩放；

⑤ 控制柄（8个点）定界框的显示和隐藏：【视图】菜单｜【显示/隐藏定界框】命令；快捷键【Ctrl + Shift + B】。

（3）旋转功能

① 任意旋转，将选取工具放在角点外，变为弧形箭头图标拖曳鼠标即可将图形旋转任意角度；

② 按【Shift】键，约束45度倍数的角度旋转。

（4）复制功能

① 按【Alt】键拖曳，拖动图形即可将图形进行复制；

② 按【Shift + Alt】键，可成水平、垂直复制；

③【编辑】菜单中的复制功能（如图2-20）；

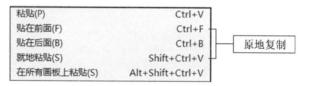

图2-20　编辑菜单中的复制命令

④【Ctrl + D】再制，依据上一次复制的特点去复制。

2. 选取图形的基本方法

选取图形的具体步骤如下：

① 按【Shift】键，减选/加选对象；

② 不管当前使用什么工具，按住【Ctrl】键不放可激活选取工具；

③ 按【Ctrl + Tab】键，在选取工具和直接选取工具之间来回切换；

④ 按鼠标左键框选选取对象，所框到的区域对象都将被选中。

3. 魔棒和套索工具

（1）魔棒工具（Y）

① 利用魔棒工具可以选取具有相同（相似）填充色、笔画色、笔画宽度或混合模式的图形。

② 双击魔棒工具，弹出魔棒选项面板，默认情况下只选择填充颜色（如图2-21）。

（2）直接套索选取工具（Q）

它可对对象上的一个或多个锚点进行编辑，是单纯的一种选取工具。选取时，按【Alt】键或【Shift】键加选或减选锚点。可修改单一的点或多个点来对路径的形状进行改变。

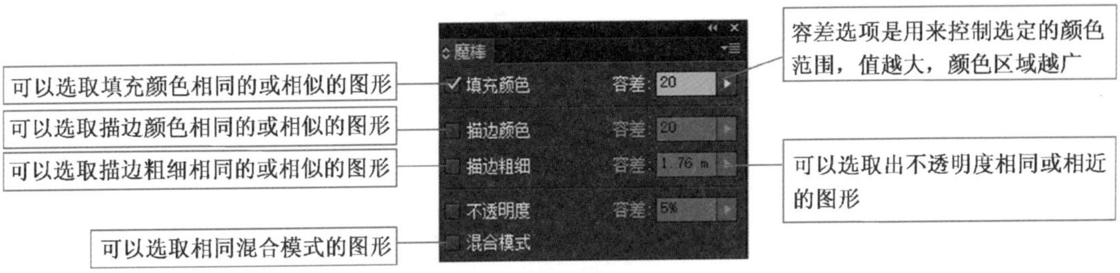

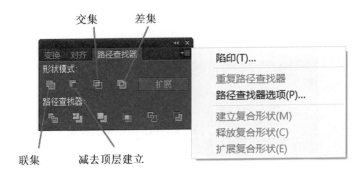

可以选取填充颜色相同的或相似的图形
可以选取描边颜色相同的或相似的图形
可以选取描边粗细相同的或相似的图形
可以选取相同混合模式的图形
魔棒
填充颜色
描边颜色
描边粗细
不透明度
混合模式
容差: 20
容差: 20
容差: 1.76 m
容差: 5%
容差选项是用来控制选定的颜色范围，值越大，颜色区域越广
可以选取出不透明度相同或相近的图形

图 2-21　魔棒工具选项参数

4. 直接选取工具（A）

它用来选取或移动锚点，具体方法如下：

① 拖曳框选，可框选多个锚点；

② 按【Shift】键，可加选或减选节点；

③ 按【Alt】键，单击对象选中所有锚点，再按住左键拖动可完成复制；

④ 按【Ctrl】键可以在选取工具和直接选取工具之间进行切换；

⑤ 精确移动点：选中物体，双击直接选择工具，可在对话框中设置参数，与选择工具精确参数相似。

5. 组选取工具：选取和移动成组对象中的子对象

单击一次即可选中子对象进行移动等操作，双击选中整组对象。

6. 基本图形的组合（路径查找器的使用方法和技巧）

调用方法：【窗口】｜【路径查找器】；快捷键【Ctrl+Shift+F9】（如图 2-22）。

交集
差集
变换
对齐
路径查找器
形状模式:
扩展
路径查找器:
陷印(T)...
重复路径查找器
路径查找器选项(P)...
建立复合形状(M)
释放复合形状(C)
扩展复合形状(E)
联集
减去顶层建立

图 2-22　路径查找器面板

（1）形状复合模式（如图 2-23）

① 与形状区域相加（联集）：将对象重叠的部分删除，在原有的基础上生成一个新轮廓。新生成的对象属性将和上层对象的属性相同。

② 与形状区域相减（减去顶层）：将上层对象定为“裁刀”，切除目标对象重叠的部分，上层对象被自动删除，结果对象属性以最底层为主。

③ 与形状区域相交（交集）：保留两对象重叠的部分，其他部分被自动删除，结果对象属性以最上层为主。

④ 排除重叠形状区域（挖空/差集）：将对象相互重叠的部分删除成空白状态，结果对象属性与上层对象属性相同。

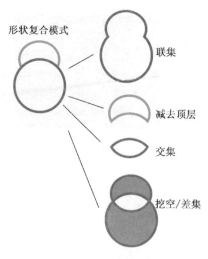

形状复合模式 —— 联集

减去顶层

交集

挖空/差集

图 2-23　形状复合模式

　　扩展：当执行以上操作后，对象保留原对象路径和锚点，点击扩充即形成当前对象的路径和锚点。

　　按住【Alt】键，去点击形状模式任意一个按钮，都可以进行运算，得到的结果与不按【Alt】键是一样的。但是有路径存在，可以用直接选择工具来重新调整路径的位置。具体步骤如下：

　　① 如果选择【释放复合形状】，可以通过释放把物体还原；

　　② 如果选择【扩展复合形状】，就直接生成复合对象，扩展后的物体将不可以再通过释放把物体还原；

　　③【建立复合形状】重点。

　　将每个图形单独赋予相加减特性，然后全部选择，建立复合形状。这时图形会按照先后的顺序进行加减运算，并且能够进行多种形式运算（如图 2-24、图 2-25）。

图 2-24　复合形状模式

建立复合形状

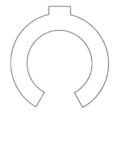

图 2-25　应用形状模式图形效果

实训案例 1　信封的绘制

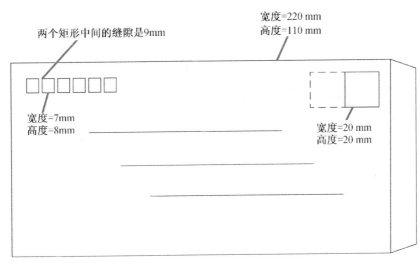

两个矩形中间的缝隙是9mm

宽度=220 mm
高度=110 mm

宽度=7mm
高度=8mm

宽度=20 mm
高度=20 mm

图 2-26　信封效果图

1.　工具应用分析

① 矩形、标准尺寸的矩形、正方形的绘制方法；

② 有规律的复制方法；

③ 直接选择工具的应用；

④ 虚线的绘制方法。

2.　操作步骤分析

① 利用矩形工具：绘制标准尺寸矩形。宽度 =220mm，高度 =110mm，去除填充色，描边色为黑色。

② 信封封口处：利用矩形工具绘制标准尺寸矩形。宽度 =15mm，高度 =110mm，并与其信封右侧边贴齐。选择直接选择工具，选择矩形右侧上下的两个点，调整其位置，可借助于【Shift +方向键】调整。

③ 邮编小方块：利用矩形工具绘制标准尺寸矩形。宽度 =7mm，高度 =8mm，然后在选中的情况下，双击选择工具，调出精确移动面板，输入精确水平值为9mm，点击复制，然后执行快捷键【Ctrl+D】按照前一次复制的距离复制 6 个小矩形。

④ 粘贴邮票处的绘制：绘制标准矩形。宽度 =高度 =20mm。按住【Alt】键，水平复制并与前一个矩形贴齐。将左侧的矩形更改为虚线线型。

⑤ 绘制中间的直线，共 3 条。

实训案例2　卡通表情的绘制

卡通表情效果如图 2-27 所示。

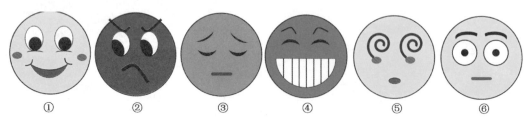

图 2-27　卡通表情效果图

1. 工具应用分析

① 应用椭圆形工具绘制表情整体——眼睛、嘴巴、腮红；

② 应用圆角矩形工具绘制嘴巴；

③ 应用弧形工具绘制嘴巴、眉毛；

④ 应用直线工具绘制牙齿；

⑤ 应用螺旋线工具绘制眼睛；

⑥ 应用路径查找器中的形状模式功能。

2. 操作步骤

（1）效果图中①号表情图片的绘制（如图 2-28）

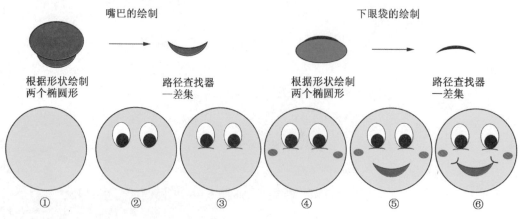

图 2-28　卡通表情的绘制流程

① 利用椭圆形工具，按住【Shift】键绘制正圆形笑脸。

② 绘制眼睛：绘制椭圆形，填充白色，描边色为黑色；选中这个椭圆形，原地复制一个，利用黑箭头更改眼球的大小，并将填充色更改为黑色。

③ 脸蛋腮红：椭圆形工具绘制合适大小的椭圆，并更改填充色为浅红色。

④ 嘴巴的绘制：与下眼袋绘制同理。嘴角利用弧形工具来绘制。

⑤ 下眼袋的绘制：如图绘制两个椭圆形，然后利用路径查找器进行差集运算可得到下眼袋图形。

（2）效果图中②号表情图片的绘制

具体步骤：眉毛和嘴巴利用弧形工具进行绘制，借助于上、下箭头快捷键对弧线进行凹凸程度的调整，借助于【F】键调整弧线的方向。

（3）效果图中③号表情图片的绘制

具体步骤：眉毛和眼睛同①号表情嘴巴的绘制方法；嘴巴采用圆角矩形进行绘制。

（4）效果图中④号表情图片的绘制（如图2-29）

具体步骤：嘴巴的绘制过程。

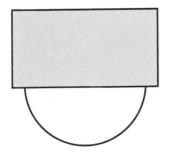  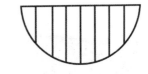

绘制椭圆形和矩形，保证矩形在上　　运用路径查找器进行差集运算　　利用直线和智能捕捉功能绘制牙齿

图2-29　嘴巴的绘制过程

（5）效果图中⑤号表情图片的绘制

具体步骤：眼睛的绘制利用螺旋线，借助于快捷键【上下箭头】更改螺旋线的圈数。

第4节　图形对象的组织

1. 对象的简单变换功能——变换面板的使用方法和技巧（如图2-30）

变换面板集中了"位置、大小、角度、倾斜、镜像"等重要的调整功能。其中还可以采用数学中的"加、减、乘、除"等运算方式进行准确数值输入。

（1）变换面板的调用方法：窗口菜单下的变换面板/快捷键【Shift +F8】。

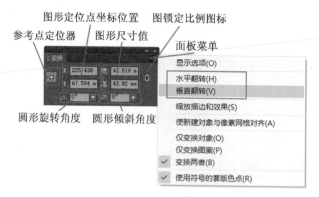

图 2-30　变换面板参数详解

（2）变换面板的功能

① 更改图形尺寸大小：可以通过输入宽度和高度的值，来更改图形的尺寸大小。

② 锁定比例图标：锁定宽度和高度的比例关系，更改尺寸时，比例不变。

③ 移动物体：移动物体的位置包括绝对位置和相对位置。

a.图形定位点坐标位置（绝对位置）

定位点的位置和坐标点的输入，直接确定物体的位置。可以通过在 X/Y 对话框中输入数值，来确定图形在画板中的位置，将 X、Y 都设置为 0，就是将物体置于原点的位置（如图 2-31）。

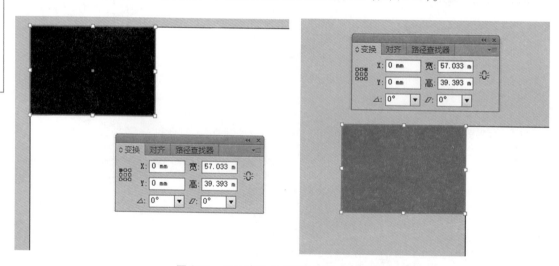

图 2-31　不同定位点图形显示的位置不同

b.图形定位点坐标位置（相对位置）

在现有位置的基础上输入 X、Y 的值，就是相对于原来的位置的基础上移动多少距离。也可输入计算公式来输入数据。

注意：在输入加减数据时，正好和其他软件不同，"Y 值"输入" +50"，是向下移动 50；输入" −50"是向上移动 50。

④ 旋转物体

利用变换面板可以旋转物体，在面板旋转参数中输入相应的角度值控制图形的角度。要注意参考定位点的位置，不同的定位点直接决定最终的图形的位置和方向。

⑤ 倾斜物体

在面板中，可以输入相应的倾斜值控制图形的倾斜程度。注意角度负值是向左倾斜，正值是向右倾斜。

⑥ 镜像物体

可利用面板菜单来完成镜像物体的操作。【面板】菜单｜【水平翻转】/【垂直翻转】命令，可以对图形进行翻转，其实也是镜像功能，可以做对称图形效果。

2. 对象和图层的顺序（如图2-32）

（1）图形对象前后的顺序

① 【对象】菜单｜【排列】命令。

② 右键菜单下的排列命令。

对象菜单下的排列命令

右键快捷菜单下的排列命令

图 2-32　调整图形顺序的方法

（2）利用图层排列顺序（详见图层章节）

3. 对象的对齐与分布

对齐与分布是平面设计软件的基本功能之一，通常利用对齐与分布功能来对复杂图形进行规范化处理。

（1）对齐与分布快捷使用方法

利用属性控制栏中的快捷图标进行比较简单的对齐和分布的操作（如图2-33）。

图 2-33　对齐和分布图标

（2）对齐属性栏中没有对齐和分布参照，要想完成复杂一些的对齐与分布，必须要通过对齐和分布面板来完成。对齐通常有两种类型：

① 【视图】菜单｜【对齐面板】命令；快捷键【Shift +F7】，可以通过对齐面板来对物体进行对齐处理（如图 2-34）。

默认的情况下选择该选项，与所选择的对象贴齐

该选项用于指定与一个关键对象对齐。
操作主法：将对齐方式选择对齐关键对象，将要对齐的对象全部框选，再选择基中的一个对象作为关键对象再进行对齐

将选择的对象与页面对齐

图 2-34　对齐方式选项

以多个矩形为例，以不同参照形式进行对齐操作。绘制并复制多个矩形，注意不能用原地复制，可采用按住【Alt】键拖曳复制图形的方法，再将所有的图形全部选中。

对齐所选对象：在参照中选择对齐所选对象，再选择水平和垂直对齐类型即可。这种方式是对齐的默认方式。

对齐关键对象：在参照中选择"对齐关键对象"，再到页面图形中选中一个图形作为关键对象，利用水平和垂直对齐按钮，将所有的图形以关键图形为标准进行对齐。

对齐画板：就是与页面对齐，在参照中选择"对齐画板"，再选择水平和垂直对齐，这时所有的图形将以页面为标准进行对齐。

② 对象捕捉也就是智能参考线，调用方式是【视图】菜单｜【智能参考线】命令；快捷键【Ctrl +U】，在作图的过程中会出现一些绿色的智能参考线和关键点，利用这些智能参考线将多个图形进行自动贴齐（如图 2-35）。

注意：如果想将两个物体的某个点贴齐，必须采用智能参考线的方法。

操作技巧：物体一定不能处于选中状态，否则移不了。把光标放在关键点上，将出现捕捉标记，立刻按住移动到其他物体的关键点或边上，可以点对点对齐，也可以边对边对齐。

图 2-35　练习操作将两个矩形的点或底边贴齐

（3）对象的分布

分布的参数也在对齐的面板中【Shift +F7】，有两种分布形式（如图 2-36）。

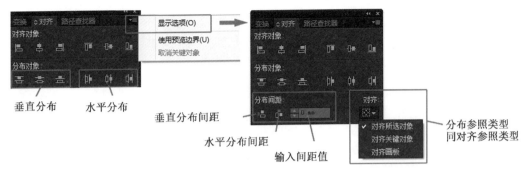

图 2-36　分布参数

① 依据分布参照进行垂直和水平的分布

操作方法同对齐的操作方法。

【注意】参与对齐的图形至少有两个，参与分布的图形至少有三个。

② 依据分布距离进行图形分布

依据分布距离进行图形分布时，等距分布需要设置分布的距离，参照对象必须是分布关键对象。

（4）应用技巧：绘制信纸格线的操作方法

① 利用直线工具绘制一条横线，选中这条横线【Ctrl+C】【Ctrl+F】进行原地复制多条线；

② 将全部的线条选中，在参照中选择"分布关键对象"，再选中图形中的最上边的线作为关键对象，到分布面板中输入分布距离值7mm，点击按照垂直距离分布按钮，即可完成按照距离进行分布对象的操作。

4．编组、锁定及隐藏对象

（1）编组与取消编组

AI 是一款二维矢量图形绘制软件。我们在使用该软件绘制图形后，为了方便同时操作，就可以对同类图形进行编组，以便我们选择，为了修改方便又需取消编组。

编组的调用方式：【对象】菜单 |【编组】命令；快捷键【Ctrl+G】。

操作方法：

① 首先在页面绘制一些图形。

② 选择需要成组的图形，再执行【对象】菜单 |【编组】命令，即可将选择的图形编组。

③ 将图形成组后，执行【对象】菜单 |【取消编组】选项，绘图区里的图形就被取消编组。

（2）锁定与隐藏对象

① 锁定能够在保持受控制的对象可见的前提下，避免操作对其发生干扰。譬如在一个对较多对象的操作中，要依照某些对象进行定位或参考，但又要避免发生误操作，就将其锁定。

锁定对象的方法：【对象】菜单 |【锁定】|【锁定所选对象】命令；快捷键【Ctrl+2】。

解锁对象的方法：【对象】菜单 |【全部解锁】命令；快捷键【Ctrl+Alt+2】。

② 隐藏的作用是避免该对象产生视觉上的干扰。譬如隐藏上一层的对象，是为了方便编辑下一层的对象。

③ 隐藏对象的方法：【对象】菜单｜【隐藏所选对象】命令；快捷键【Ctrl+3】。

④ 全部显示对象的方法：【对象】菜单｜【全部显示】命令；快捷键【Ctrl+Alt+3】。

5. 置入位图

（1）置入位图的方法

【文件】菜单｜【置入】命令，打开置入面板，找想要置入的图片，点击确定即可将位图置入到当前文件中。面板参数如图2-37。

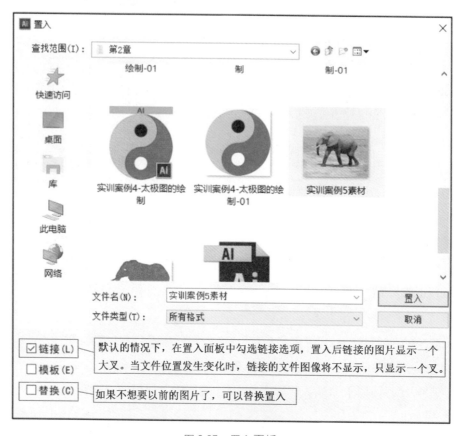

图2-37　置入面板

以链接属性置入位图后在图片上显示交叉线，并在控制栏中显示位图属性参数（如图2-38）。

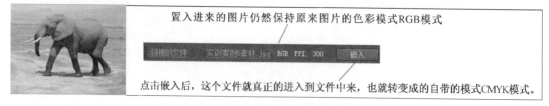

图2-38　控制栏中的链接属性

（2）链接的好处

在属性栏中可更新链接及编辑原稿（如图2-39）。

图 2-39　链接文件右键菜单

① 可以编辑原稿：

方法一：选择【更新链接】命令，可以在 AI 软件中，直接打开 PS 软件编辑原稿，但是需要设置默认打开图片方式是 Photoshop 软件才行。

方法二：将置入到 AI 里的图片在 Photoshop 软件里打开，重新编辑。合并图层，并保存。切换到 Illustrator 软件中，就有链接更新的提示，确定后图片即可同步（如图 2-40）。

图 2-40　链接更新提示

② 重新链接：重新设置链接文件，或替换链接文件。

③ 转到链接：转到想要编辑的链接图片。

④ 置入选项：可以按照范围框来显示图片。

⑤ 链接与嵌入的优缺点（如表 2-1）。

表 2-1　链接与嵌入的优缺点

	链接	嵌入
优点	链接的图像方便更新，在多个幅面的情况下，文件容量较小，链接的物体不管文件中有几个，不会因为数量的增加而增大。	嵌入的图像已经在 AI 里保存了独立的图像的信息。文件夹下的原图片可以删除。
缺点	保存文件后，一定不能删除原链接图片的信息，否则再次打开，将不显示图片内容，只显示交叉线。	嵌入后的位图不方便编辑和调整。嵌入后的位图，从 RGB 模式转换为 CMYK 模式，存储空间较大，因此比链接占有的空间大。
建议	在制作过程中保持链接，作品确认完成后则改为嵌入。如果需要嵌入的内容很多，可以通过链接面板进行操作。	

实训案例 3 儿童画的绘制

1．工具应用分析

① 基础图形的应用——矩形、圆角矩形、多边形、圆形；

② 开放式线条的绘制——弧形、螺旋线、直线；

③ 路径查找器——形状模式的应用。

图 2-41 儿童画效果图

2．操作步骤分析

① 绘制高山和草地：选择弧形工具，绘制草地和山的图案，利用快捷键【C】，使弧线形成一个封闭的图形，再利用【F】键翻转弧形的方向，【上下箭头】键调整草地和高山凸起的高度，并填充合适的颜色，无描边。

② 绘制蓝天：选择矩形工具绘制后边的蓝天，将矩形放在最底层，填充色改为蓝天的颜色。

③ 绘制白云：选择椭圆形工具，紧挨着绘制多个椭圆形，将这些椭圆形全部选中，打开路径查找器面板，选择联级，绘制出白云。不同位置的白云椭圆形大小可有些变化，并且在图形的编排顺序上，将白云放置在蓝天前面，高山和草地的后面。

④ 绘制房子：利用矩形、圆角矩形、直线、椭圆形绘制房子的造型，设置合适的填充色和轮廓色，并放置合适的位置。

⑤ 绘制花朵：利用螺旋线绘制花朵，配合快捷键【R】可将螺旋线转换方向，配合【上下箭头】快

捷键增加或减少螺旋线的圈数。利用弧线绘制花茎，弧线调整的弧度接近直线，任意绘制即可。

⑥ 绘制栅栏：栅栏由矩形和三角形组成，利用路径查找器联级将矩形和三角形结合在一起，并按住【Alt +Shift】键拖曳水平复制多个，再绘制横向的矩形将这些栅栏连接在一起，在栅栏的交点位置绘制圆形的固定点，并复制其一定数量的固定点，放在交叉点的合适位置。

实训案例4　太极图的绘制

1.　工具应用分析

① 变换面板中定位点的设置，标准尺寸的更改及公式的应用；

② 路径查找器面板的应用；

③ 原地复制图形的方法；

④ 排列顺序的调整方法；

⑤ 对象的填充和描边。

2.　操作步骤分析（如图2-43、图2-44）

① 将填充色设置为无，描边色设置为黑色，利用椭圆形工具，按住【Shift】键，绘制一个正圆，得到圆①。在变换面板中更改参数，宽度值 =高度值 =100mm。

图 2-42　太极图效果图

② 选中刚绘制的圆①，【Ctrl +C】复制，【Ctrl +F】粘贴到前面，得到圆②，在变换面板中，锁定定位点为上方中点，将宽度值和高度值链接锁定，在输入值的后边输入"/2"，参数如图2-43，回车，这时复制后的圆形将是复制前的圆形的一半，并且与大圆上边的象限点贴齐。

③ 同样方法，在下方复制一个1/2圆，得到圆③，与大圆的下边的象限点贴齐。

④ 选中圆②，【Ctrl +C】复制，【Ctrl +F】粘贴到前面，得到圆④，在变换面板中更改参数，参数如图2-43。

⑤ 同样方法，得到圆⑤。

⑥ 利用矩形工具绘制一个大于圆①的矩形，使矩形的左侧边界与圆的垂直中线对齐得到图①（见图2-44）。

⑦ 选中圆1和矩形，打开【路径查找器】面板，执行【差集】运算，减掉圆①右侧的半圆，得到图②。

⑧ 选中剩下的左半圆和圆②，打开【路径查找器】面板，执行【联集】运算，得到图③。

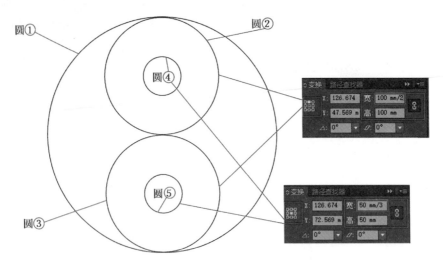

图 2-43　①—⑤步绘制参数及效果

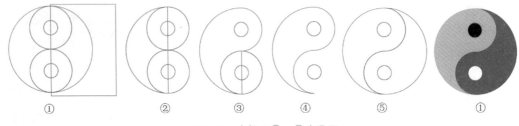

① ② ③ ④ ⑤ ①

图 2-44　太极图⑥—⑪步骤图

⑨ 选中联集后的图形和下边的图③，但要保证图③在上边，打开【路径查找器】面板，执行差集运算，得到图④。

⑩ 将得到的鱼形图案选中，【Ctrl+C】复制，【Ctrl+F】粘贴到前面，然后打开【变换】面板，点开右上角的三角，在下拉菜单中选择，水平翻转命令一次，再选择垂直翻转命令一次，将图形对称处理，并利用移动工具将图形移动对齐，得到太极图整体图形效果，如图⑤。

⑪ 将图案填充合适的颜色，并去掉描边的颜色，得到图⑥。

第5节　绘制与编辑路径

1. 认识路径

（1）路径的概念

在 Illustrator 中，像直线工具，弧线、螺旋线和一些封闭的图形工具，所绘制的各种不同线条都属于路径。路径是通过绘图工具所绘制的任意线条，它可以是一条直线，也可以是一条曲线，还可以是多条直线和曲线所组成的图形。

注：一般情况下，锚点和锚点之间的线段组成了路径，而且 Illustrator 软件是矢量绘图软件，路径是可以打印的。

（2）路径的分类

路径分为闭合路径、开放路径和复合路径三种形式（如图2-45）。

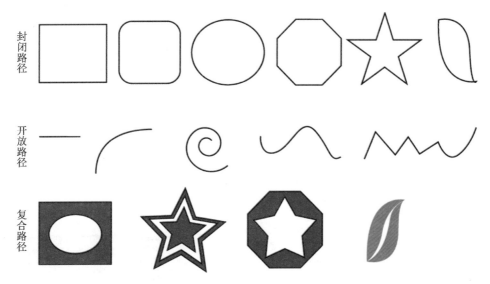

图 2-45　不同类型的路径效果

① 闭合路径：由起点开始绘制再到起点结束，起点和终点是同一个点，这样首尾相连的曲线就是封闭的路径。绘制完成的闭合路径是没有终止点的，如矩形、椭圆形、多边形和任意绘制的闭合曲线等。

② 开放路径：由起点开始，连续绘制多个中间点，再到终止点所构成的曲线，但终止点不与起点重合，即为开放路径。开放路径一般不少于两个锚点，如直线、曲线和螺旋线等。

③ 复合路径：由多条简单的路径组合成的一个整体。复合路径的主要作用是生成洞，还可以将多个对象组合成一个整体，作为蒙版去处理其他对象。

（3）锚点的类型

一条复杂的路径是由多条线段和多个锚点构成的。锚点又称为连接线段的结构点，可以通过这些锚点来控制线段的形状，从而控制路径的整体形态。

为了方便调整路径，该软件将锚点设置为五种类型，分别为平滑点、尖角点、曲线角点、对称角点和复合角点（如图2-46）。

① 平滑点：其功能是控制曲线的圆滑程度，特点是利用点两侧的控制柄来进行调整。调整一侧控制柄方向，另一侧也同时发生方向的变化。要注意的是两个控制柄始终在一条直线上。但如果调整一侧控制柄的长度，则另一端控制柄的长度不发生变化。

| 平滑点 | 尖角点 | 曲线角点 | 对称角点 | 复合角点 |

图 2-46　锚点的类型

② 尖角点：其功能是控制两线连接的锚点为尖角点，特点是尖角点两侧没有控制柄和方向点，常被用于线段的尖角表现上。

③ 曲线角点：其功能是控制锚点连接的线的形态比较灵活，特点是角点两侧有控制柄和方向点，但两侧的控制柄与方向点是相互独立的，即单独控制其中一侧的控制柄与方向点，不会对另一侧的控制柄与方向点产生影响。

④ 对称角点：该角点两侧有控制柄和方向点，但两侧的控制柄与方向点是相同的，即单独控制其中一侧的控制柄与方向点，会对另一侧的控制柄与方向点产生影响。

⑤ 复合角点：该角点只有一侧有控制柄和方向点，常用于直线与曲线连接的位置，会显示一侧控制柄。

2. 钢笔工具组的使用

（1）钢笔工具（P）

钢笔工具是最基本的路径绘制工具。运用它，再配合使用一些常用快捷键，就可以绘制出各种形状的直线和平滑流畅的曲线路径。

图 2-47　钢笔工具组

基本绘制方法：

① 可以【点击】方式绘制直线（折线），以【按住拖曳】的方式绘制曲线。

② 结束绘制有两种方法：第一种是按【Ctrl】键在空白处单击强制结束绘制；第二种是选择移动工具，在路径外单击即可结束绘制。

③ 在绘制的过程中加点的方法：要先设置加点参数，【编辑】菜单｜【首选项】命令，调出首选项面板，取消【停用添加和删除锚点】项。

④ 鼠标的光标也可以修改，【编辑】菜单｜【首选项】命令，在首选项面板中勾选使用精确光标。

利用快捷键绘制方法：

① 按【Shift】键绘制水平、垂直或 45°角直线；

② 按【Alt】键可以删除控制手柄或者将钢笔工具转化成转换节点工具；

③ 按住【Caps Lock】键可以将鼠标更改为精确光标；

④ 在绘制路径的过程中，按【A】键临时切换为直接选择工具，用来对把柄进行调整，从而更改路径的造型。

注：配合常规选项设置。

（2）添加和删除锚点工具（如图2-48）

在绘制完一个图形之后，如果要想对其造型进行修改，首选项中的
添加和删除锚点参数是不起作用的，这时要通过添加和删除锚点工具来
辅助修改。添加锚点工具的快捷键是【+】，在图形对象路径线的任意位
置单击即可加点；删除锚点工具的快捷键是【-】，在想要删除的锚点
上点击即可减点。

图2-48　添加和删除锚点工具

（3）转换点工具（【Shift +C】）

① 在绘制图形的过程中，按【Alt】键，可以临时转换为转换点工具。在锚点上点击，可以去除控制
柄；在控制柄上点击，可以调整控制柄的方向；在绘制图形之后，选择转换点工具，可以将锚点类型进行
转换；在光滑点上点击，可转换为尖角点，在尖角点上按住拖曳，可转换为光滑点，并出现控制把柄。

② 按住【Ctrl】键也是临时把工具切换为选择工具。

（4）练习绘制不规则的图形（如图2-49）

注意：用钢笔工具组绘制图形时，最好把填充颜色设置为无，轮廓色设置为黑色。

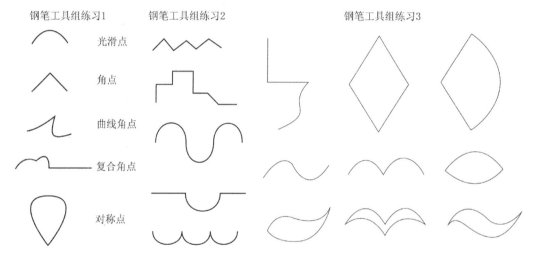

图2-49　各种不规则图形的样式

3. 路径的编辑——直接选择工具组的使用方法和技巧（如图2-50）

图2-50　路径编辑属性控制栏按钮详解

直接选择工具（　）：快捷键【A】

（1）转换点的类型 转换：↖ ↗

① 改变尖角点有两种方法：

方法一：选中节点，选择属性控制栏中的 转换：↖，可去掉控制柄，更改为尖角点。

方法二：选中节点，选择转换点工具或者选择钢笔工具，配合按住【Alt】键（临时转换为转换点工具），点击把柄，可以将平滑点转换为尖角点。

【注意】转换点工具特点：用来改变锚点的样式，决定锚点对其所连接的线条的形状。

② 转换为平滑点的两种方法：

方法一：选中节点，选择属性控制栏中的 ↗，可增加控制柄，再利用控制柄来更改平滑点的弧度。

方法二：选中节点，选择转换点工具或者选择钢笔工具，配合按住【Alt】键（临时转换为转换点工具），点击按住拖曳把柄，可以将尖点转换为平滑点。

（2）把柄的显示和隐藏属性控制栏中的 手柄：◪ ◪

（3）删除锚点属性控制栏中的 锚点 ✐

方法一：选中点，点击删除锚点按钮即可，可选中一个或多个，它的好处就是可以一次性删除多个点，比较方便。

方法二：利用钢笔工具，放到点上也可以删除，但是它只能删除当前选中的点。

注意：锚点的增减不会影响路径的开放或封闭属性，不能用 Del 键删除。用 Del 键删除时，会同时删除锚点和路径。

（4）剪切路径（打断路径）属性控制栏中的 ✂

选中点，执行剪切路径工具，即可将路径打断。

（5）连接点属性控制栏中的 ▨

方法一：选择需要连接的两个点，点击选择连接点的按钮。

方法二：先将要连接的两点选中，利用对齐按钮 ▣▾，将所选的节点对齐，水平居中、垂直居中对齐，然后再执行连接快捷键【Ctrl+J】。

4. 选择的两种状态

在使用钢笔工具进行绘图时，经常会配合【Ctrl】键，将钢笔工具临时切换为选择工具，但是有时候会出现选择工具（黑箭头），有时候会切换为直接选择工具（白箭头）。这两种状态具有不同的作用和切换方式。

（1）先选中激活黑箭头，再用钢笔工具绘制图形，在绘制过程中，按住【Ctrl】键调点，这时光标是黑箭头，不能调整单个点，只能对整个路径起作用。

（2）先选中激活白箭头，再用钢笔工具绘制图形，在绘制过程中，按住【Ctrl】键调点，这时光标是白箭头，能调整单个点。

（3）操作时可以采用快捷键的方法，选择工具是【V】，直接选择工具是【A】，钢笔工具是【P】。

实训案例5　利用钢笔工具抠取图像剪影效果

在绘制复杂的图形时，钢笔工具是最有效的绘图工具。在绘制的过程中常与快捷键【Ctrl】键、【Alt】键来联合运用，同时还要注意在绘制过程中灵活使用视图操作快捷方式，如【空格键】可平移视图，【Ctrl + +】可放大视图，【Ctrl + −】可缩小视图。本实训案例是把真实的照片图片制作成剪影效果，其抠取图像是利用钢笔工具组来完成的（如图2-51）。

原始图片利用钢笔工具组　　　　　绘制大象路径范围　　　　　　剪影效果图

图 2-51　剪影效果步骤

操作步骤分析：

① 置入一张图片（注意与打开的区别），显示比较大，可拖曳角点，按住【Shift】键等比例缩小，也可以利用【Ctrl + +】或者【Ctrl + −】来缩放显示范围。置入进来的图像有交叉线，这是因为它是链接文件，点击【嵌入】就可以将其转换。

② 抠取之前，要将图像进行锁定，避免操作。锁定方法：【对象】菜单 |【锁定所选对象命令】；快捷键【Ctrl +2】。

③ 设置填充色为无，描边色为红色，利用钢笔工具组结合【Ctrl】【Alt】键对大象进行勾边，同样方法再将眼睛和尾巴镂空部分进行描边。

④ 将绘制完成的三条路径全部选中，利用路径查找器中的差集，将大象眼睛和尾巴部位减空。

⑤ 将填充色和描边色改为想要填充和描边的剪影颜色即可，完成图像剪影效果。

实训案例6　卡通图标的绘制

1．应用工具分析

① 基本图形的绘制；

② 选择的两种状态及路径的编辑方法；

③ 路径查找器的应用——卡通企鹅嘴巴的制作。

2．操作步骤分析

（1）企鹅外形的绘制（如图2-52）

① 绘制一个椭圆形，类似于企鹅外形（如图2-53中的图①）。

② 利用路径加点工具在椭圆形左右两侧各加两个点，并利用直

图 2-52　卡通图标效果图

接选择工具调整左右侧外形（如图②）。

③ 选择图②，将填充色调整为黑色。

④ 再将填充色改成红色，利用钢笔工具绘制红色的围脖（如图③）。

⑤ 绘制白色的肚皮，利用钢笔工具按照肚皮的外形绘制曲线，并将其顺序调整到围脖的下边（如图④）。

嘴巴的绘制过程

①　　　　　　②　　　　　　③　　　　　　④

图 2-53　嘴巴的绘制过程

（2）企鹅五官和脚

① 绘制眼睛：设置填充色为白色，绘制椭圆形制作眼白，在原地再复制一个椭圆形，并等比例调整大小绘制眼仁儿，将填充色改为黑色，并将其调整到合适的位置。再将眼白眼仁整体复制到另一侧，并在变换面板中水平翻转，完成眼睛的绘制（如图2-54中的图⑤）。

② 绘制嘴巴：绘制三个椭圆形，位置参照"嘴巴的绘制过程"中的图①，利用路径查找器进行差集运算得到嘴巴的造型（如图2-53）。

③ 将整体全部选中，利用移动工具，调整卡通图形动势旋转角度。

利用钢笔工具绘制企鹅脚，并调整方向和顺序（如图⑦）。

整个绘制过程如图 2-54 所示：

① ② ③ ④ ⑤ ⑥ ⑦

图 2-54 卡通图标绘制过程图

第 6 节 智能绘图工具——形状生成器工具

形状生成器工具属于智能绘图工具，它能自动查找边缘生成形状，是一种快速绘图的方法，经常借助于此方法绘制一些简单的图形，方便快捷。

形状生成器工具原理如图 2-55。

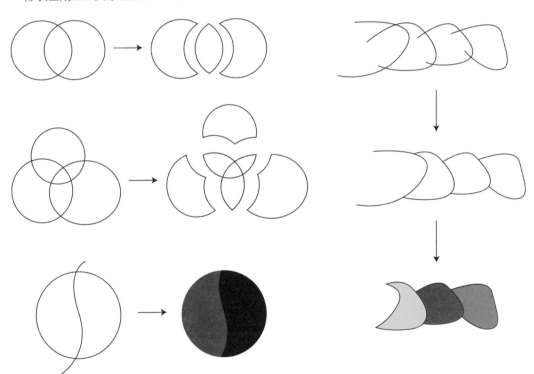

图 2-55 形状生成器原理

原图形可以是封闭的图形，也可以是开放式的线条。

操作方法：

① 先根据形状绘制比较粗糙的图形效果。

② 将图形全部选中，选中工具箱中的形状生成器工具【】，快捷键是【Shift + M】，将鼠标放置在图形的封闭区域内会显示阴影效果，证明确实是封闭区域，点击即可。所有的封闭区域都这样操作。

③ 执行形状生成之后，所有图形就被分离，用"选择工具"点击选中，可对图形进行移动分离，按【Delete】键，删除多余的线条。

实训案例7 鱼形简笔画

鱼形简笔画效果如图2-56。

1. 工具应用分析

① 基本线条和基本封闭图形的绘制；

② 形状生成器工具的应用。

2. 操作过程分析（如图2-57）

① 根据鱼形的形状，利用钢笔工具绘制线条，构成鱼形图案基本型，见步骤①。

② 将图形全部选中，选择形状生成工具，点击鱼形图案中封闭要留下的区域。

③ 利用选择工具选择多余的线条，按【Delete】键删除，见步骤②。

④ 利用圆形工具，绘制眼睛和身上的纹理；利用弧线工具，配合【上下箭头】快捷键更改弧度的方法，绘制鱼鳍的纹理。

图 2-56 鱼形简笔画效果图

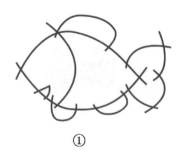

①

②

③

图 2-57 鱼形简笔画绘制过程图

第3章　文字及排版

学习目标：

① 排版知识；

② 文本的创建与编辑；

③ 路径文本的创建与编辑；

④ 区域文本的创建与编辑；

⑤ 文字的打散与转曲；

⑥ 字体功能的应用技巧。

第 1 节　文本的创建与编辑

　　根据不同的使用情况，可以选择不同的排版软件。目前，在办公用途上，Word 软件是最基础、最实用的排版软件，文字排版是最标准的，但是这款软件不支持 CMYK 颜色模式，因此只适用于办公。在平面设计上涉及的软件很多，如专业的排版软件 PageMaker、InDesign，还有专业的矢量绘图软件 CorelDraw、Illustrator，这两款软件适合于图文排版功能。一般而言，排版的主要功能大致可以分为：单行文本、段落文本、表格排版、图文混排四大功能。

1. 文本的创建

　　根据设计的样式风格不同，在输入文本时会有横式文本、竖式文本、直线的文本、曲线的文本，也有按照不规则的图形的范围进行显示的文字效果。针对不同情况，在 AI 中提供了六种文字工具，可以完成设计中所用到的各种文字类型，利用文本工具可以输入横排和直排文本；利用路径文字工具沿着特定的路径可以完成不同曲线路径文字输入，也可以利用区域文字工具完成不同区域范围的文字输入。

在工具箱中，隐含六种文本工具，如图 3-1。

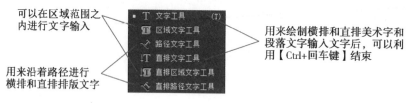

图 3-1　文字工具组

① 输入单行文本的方法

横排文字输入方法：选择文字工具，在页面内点击，出现文字输入亮显光标，输入文字即可。

直排文字输入方法：选择直排文字工具，在页面内点击，出现文字输入亮显光标，输入文字即可。

② 输入段落文本的方法

选择文字工具或者直排文字工具，在页面内按住，拖曳出一个矩形范围框，输入文字即可，输入的文字自动换行。如果想在同一个段落文本中输入多段文字，可以利用回车键在输入文字的过程中，强制换行分段。

2．文本的编辑

在 AI 中，使用"字符"控制面板编辑文字的属性，如字体、字号、字间距、行间距等，可以创作特效文字。利用"段落"控制面板编辑段落的属性，如段落对齐方式、左缩进、右缩进、首行左缩进、段前距离、段后距离等。

（1）利用文本工具属性控制栏编辑基本参数，如字体类型、字体大小、字体颜色等（如图 3-2）。

字体填充色，描边色

字描边的粗细　　字体不透明度　　字体类型样式　　字体大小　　字体对齐与变换

图 3-2　文字工具属性栏

【注意】在编辑字体之前，需要将字体拖黑后再修改，否则，修改参数不起作用。

（2）利用"字符"控制面板编辑文本参数

① 调用方法：

文字工具控制栏中的【字符】选项；

【窗口】菜单｜【字符】面板；

快捷键【Ctrl+T】。

② 面板重点参数分析：

字符面板可以对文字进行一些基本设置，比如字距、字体、字号等（如图 3-3）。

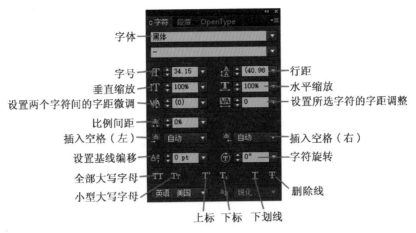

图 3-3　字符面板参数

功能解析如表 3-1。

表 3-1　字符面板参数功能解析

参数名称	基本用法	说明及快捷键
字号	更改字体大小	【Ctrl + Shift + >】增加字号 【Ctrl + Shift + <】减小字号
行距	【Alt + ↑】是每 2 个 pt 向上增加行距 【Alt + ↓】是每 2 个 pt 向下减少行距 增量可在【编辑】菜单｜【首选项】｜文字中设置步长、字距等。	【Alt + ↑】增加行距 【Alt + ↓】减少行距
字高和字宽	通过"百分比"更改字体的比例关系，建议不要修改字高，通过"字号"来控制字的大小，通过"字宽"来修改字宽即可。	将长字或扁字恢复原有 100% 比例的字体，快捷键:【Ctrl +Shift +X】
两个字符间的字距微调	设置两个字之间的字距。把光标放在需要调整字距的两个字中间，调整数值即可，输入 1000 时正好是一个字的字宽。	这两个参数是叠加的关系 【Alt +→】增加行距 【Alt +←】减少行距 【Ctrl +Alt +→】增加 5 倍行距 【Ctrl +Alt +←】减少 5 倍行距 【Ctrl +Alt +Q】字距微调或字距调整至 0
所选字符的字距调整	设置所选字符的字间距的微调	
比例间距	取值范围是 0% ~100% ，表示字与占位之间的关系。	
插入空格（左）	在字的前面插字符	
插入空格（右）	在字的后面插字符	
基线偏移	设置字体基线偏移的距离	【Shift +Alt + ↑】向上偏移 【Shift +Alt + ↓】向下偏移

③ 更改文字方向

更改整个文本的方向：【文字】菜单｜【文字方向】命令，其子菜单水平和垂直可更改文字的方向。

更改一个字的方向：利用"字符"控制面板中的字符旋转参数，可设置旋转的角度。

④ 更改字体的大小写

文字菜单下的更改大小写命令，可更改英文字体大小写，也可设置词首和句首大写（如图3-4）。

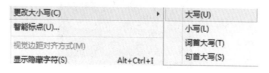

图 3-4　更改字体大小写命令

【注意】也可利用"字符"面板菜单来更改参数。

（3）利用"段落"控制面板编辑段落文本参数

调用方式：① 可在控制面板中调用；②【窗口】菜单｜【段落面板】。

面板作用：主要是调整对齐方式，左缩进、右缩进、首行左缩进、段前距离、段后距离等，默认是左对齐，正常中文版式一般建议选择两端对齐（如图3-5）。

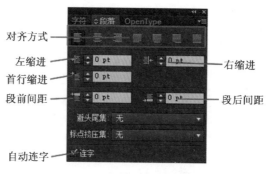

图 3-5　段落面板参数

【注意】

① 直接打字，叫点文字，回车换行的都属于标题美术文本，只能居左、居中或居右，不能两端对齐，两端对齐，只适用于段落文本，不适用于标题文本。

② 对于段落文本，用选择工具（黑箭头）拖曳角点的时候，字的大小不变。

对于美术文本，用选择工具（黑箭头）拖曳角点的时候，字的大小发生变化。

③ 段落文本不能分栏排版。

④ 重置面板功能——面板下拉菜单｜【重置面板】。

实训案例 8　流程图的绘制

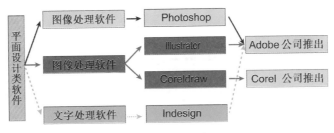

图 3-6　流程图效果

1．工具应用分析

① 对齐，分布的应用；

② 描边面板的使用方法和技巧——箭头虚线的绘制；

③ 简单的美术字的输入。

2．知识点：描边面板的使用方法和技巧

描边面板的调用方法：【窗口】菜单｜【描边】命令。

（1）描边面板中参数的设置方法。例：选择矩形绘制工具，将填充色设为无，轮廓色设为黑色，粗细 =3pt，pt 是点，1pt 很小，1 英寸 =72pt；1 英寸 =25.4mm；1mm =3pt，画一个矩形。

（2）打开描边面板，使用快捷键【Ctrl+F7】（如图 3-7）。

粗细：可在描边面板中改线条的粗细，粗细的单位可在【编辑】菜单｜【首选项】｜单位中改。

端点（端点：▢ ▢ ▢）：指线段的两头端点的位置，从左到右分别是平头（默认）、圆头、方头端点，其中，圆头在线的头部多出一个半圆，方头多出的部分是线的一半的宽度。

边角（边角：▢ ▢ ▢　限制：10）：默认是方角，可更改边角类型，从左到右依次为尖角、圆角、平角。例如，利用钢笔工具或直线绘制一个 Z 形，更改边角类型，可以看出明显的边角效果。限制：允许线宽为多少倍的线宽。

（3）绘制虚线的方法和步骤：

图 3-7　描边面板

① 利用钢笔工具或直线工具绘制一条直线；

② 将其设置为虚线，更改虚线和间隙。

虚线一：只设置虚线，不设置间隙，生成的虚线，黑白段相等。

虚线二：既设置虚线又设置间隙，虚线值显示黑色虚点，间隙值显示虚线间断的空白处的长短，循环进行排列。

虚线三：虚线＝12pt，间隙＝6pt，虚线＝3pt，排列一段后，下一段颜色将相反排列，以此循环排列。

虚线四：虚线设置为0，间隙为12，端点改为圆头，效果就是点线，如果线的粗细等于间隙的值，点与点相接；如果线的粗细小于间隙的值，点和点之间有距离，距离值是两个值的差；如果线的粗细大于间隙的值，点和点之间没有距离，并有相交（如图3-8）。

图3-8　点线的几种形式

虚线五：当图形为封闭式图形，线型为虚线时，角点虚线位置的长度精确程度设置方式如图3-9。

保留虚线和间隙的精确长度

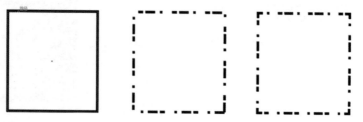

使虚线与边角和路径终端对齐，并保持适当长度

图3-9 封闭图形虚线和间隙的样式

箭头参数的设置方法：在描边面板中可设置箭头的样式和缩放大小，对齐方式等（如图3-10）。

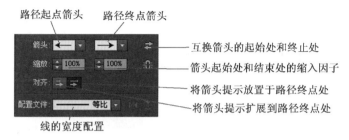

图 3-10　描边面板中箭头设置参数

线的宽度的配置：可设置各种形态的线，也可自定义绘制。

（4）知识点：

自定义绘制线的宽度的配置的方法：

画一条线，找宽度工具 ，在线上的任意一个位置拖曳调整线的造型，可产生各种对称的线的形态，这种配置改的其实是线的宽度；将刚画的线添加到配置文件中，再将刚配置的线加一个箭头，改合适的大小。

注意：在【描边】面板的下拉菜单中可以隐藏或显示【描边】【箭头】选项面板内容。

第 2 节　路径文本的创建与编辑

1. 路径文本的创建

用钢笔工具画一条弧形路径，用路径文字工具创建文字，更改起始点的位置，并利用字符对齐的方法来调整字的位置。

创建文字沿路径效果（如图3-11）。

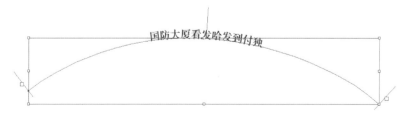

图 3-11　路径文本的创建

2．路径文本的编辑

（1）设置路径文字效果，在【文字】菜单 |【路径文字】命令中的子命令设置了一些文字效果（如图 3-12）。

图 3-12　路径文字效果

彩虹效果：路径和字是垂直的（如图 3-13）。

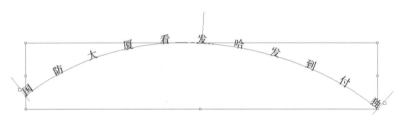

图 3-13　彩虹效果的路径文字

阶梯效果：字是正的，字的基点是沿着线的（如图 3-14）。

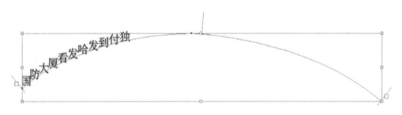

图 3-14　阶梯效果的路径文字

倾斜效果：效果如图 3-15。

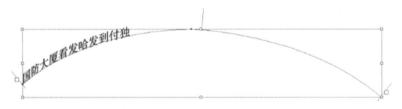

图 3-15　倾斜效果的路径文字

（2）路径文字选项：可设置文字翻转效果（如图3-16）。

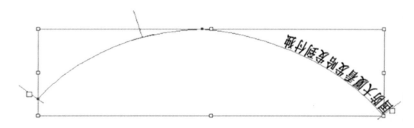

图 3-16　翻转文字效果

（3）有两种路径打散的方法：

方法一：利用文字工具输入文字，选择【文字】菜单｜【创建轮廓】；快捷键：【Shift+Ctrl+O】。

此种方法的缺点是：字直接打散，无法更改字体基本参数。

方法二：利用路径文字工具打散

操作步骤：

① 用钢笔工具先画一条直线。

② 用路径文字工具输入相关文字，利用选择工具【黑箭头】选中字体，选择【对象】菜单｜【拼合透明度】｜在对话框中取消勾选"将所有文本转换为轮廓"。这样每个字独立了，但文字属性还是文字，而不是曲线。此外还可以更改字体、字号、颜色等基本信息。

注意：如果不是沿着路径所输入的字体，直接用文字工具输入，再次执行拼合透明度的命令，字体不能被打散。

实训案例 9　标志的绘制

1. 工具应用分析

① 圆形工具的绘制方法；

② 原地复制的方法——【Ctrl+C】【Ctrl+V】；

③ 路径文字的创建及编辑；

④ 路径文字选项的应用；

⑤ 钢笔工具绘制图形的方法。

2. 操作步骤分析

① 绘制一个圆形得到圆形①，填充红色，去掉描边。

图 3-17　标志效果图

② 原地复制一个得到圆形②，按住【Alt＋Shift】拖曳角点，等比例缩小，更改填充色为白色。

③ 再原地复制一个白色的圆形得到圆形③，按住【Alt＋Shift】拖曳角点，稍微放大一圈，并将填充色改为无，描边色改为黑色，这样作为路径操作会方便些。

④ 将圆形③作为路径文字参考路径，选择路径文字工具，点击圆形③，注意：对齐方式选择左对齐，否则光标不在点击点的位置。

⑤ 输入文字"启航玩具制作有限公司"。

⑥ 选中选择工具"黑箭头"对文字调整位置，将光标放置在起点位置 ，光标会变成"黑色尖头＋向左/向右/向上箭头"，分别是起点位置、中点的位置和终点的位置。可以拖动调整字体的起点、中点和终点的图标来确定字体的位置（如图3-18）。

⑦ 可以利用字体基本属性，将字体全部选中，调整字号、字体、字的颜色，以及边的颜色。

⑧ 做下边的字，选中外圆，【Ctrl＋C】【Ctrl＋F】，粘贴到前面，按住【Alt＋Shift】拖曳角点，缩小一圈，与上边的字外边界贴齐得到圆4，同上将"填充色"改为无，"描边色"改为黑色作为文字路径。

图3-18　路径文字的制作

⑨ 输入英文字体"Qihang toy manufacturing co. LTD."，默认情况下输入的文字与中文字体一样呈顺时针方向旋转排列，要想让字体呈逆时针方向排列，需要执行【文字】菜单｜【路径文字选项】命令，勾选"翻转"选项，再用同样方法调整文字的位置，改字号、颜色、字体（如图3-19）。

⑩ 选择钢笔工具，绘制七巧板帆船形拼图图案，并填充合适的颜色，无描边。将七巧板所有的图形全部选中，【Ctrl＋G】成组，并放置于圆形的中间位置。

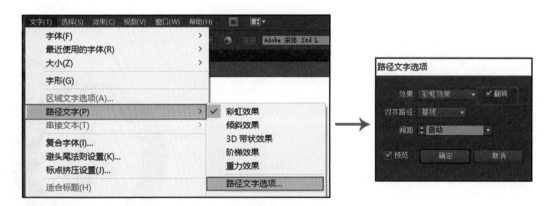

图3-19　路径文字选项参数

操作步骤流程图如图3-20。

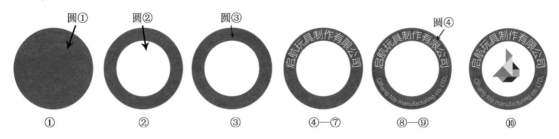

图 3-20　标志绘制过程图

第 3 节　区域文本的创建与编辑

1. 区域文本的创建

（1）创建矩形区域文本

创建方法：利用文字工具在页面拖曳文本框，等同于段落文本的输入方法。

注意：文本框是不能填充和更改轮廓的颜色的。

（2）点击封闭图形路径边缘创建区域文本（如图 3-21）

① 先绘制图形，如矩形、圆形、星形等图形，可以是任意填充和轮廓。但路径必须是非复合、非蒙版路径。

② 选择文本工具，将光标放在图形的路径边缘处，当光标变为"I"图标时点击，即可输入文本。

③ 区域文本工具，将光标放在路径边缘处点击，即可输入区域文本。

注意：无论是用文本工具，还是用区域文字工具进行区域文本创建，一定是在路径边缘点击才好用。

图 3-21　区域文本创建

2. 区域文字的编辑

（1）区域文字横排与竖排转换

【文字】菜单|【文字方向】|横排竖排切换（如图 3-22）。

图 3-22　将图 3-21 中的文本转换为竖排文本

（2）文字的分栏功能（区域文本选项的应用）

操作方法：

① 利用文本工具拖动创建矩形区域文本，可复制粘贴文本内容。

②【文字】菜单｜【区域文字选项】，对话框中可设置文字区域的分块，行、列、位移相关参数。

举例：输入两行两列的效果（如图 3-23）。

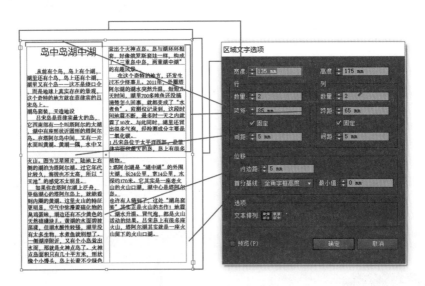

图 3-23　文字的分栏效果

（3）文字的串接功能

利用文本工具输入段落文本时，在输入过程中，有时段落文本框右下角出现红色小加号图标，这说明区域内文字没有排满，这种情况下可以将文字做串接，使文字在其他图形区域显示。

① 建立串接文本有两种方法：

方法一：具备段落文本，封闭图形（可以是方形、星形、圆形等），然后将这文字与图形都选中，执行【文字】菜单｜【串接文本】｜【创建】命令（如图 3-24）。

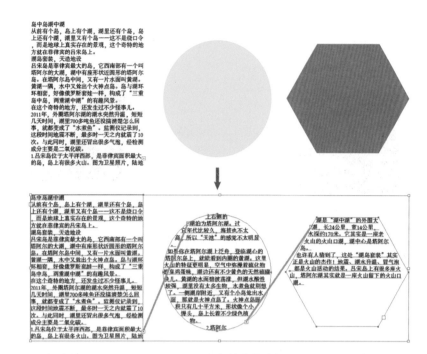

图 3-24 文字的串接功能

方法二：具备段落文本，封闭图形（可以是方形、星形、圆形等），选择移动工具，把光标放在段落文本框右下角的红色十字加号上，光标变成"▶"后点击，且点击后光标将变成"▶▦"。

① 如果直接点击将以一个矩形的范围框显示文本；

② 如果将光标放在一个封闭图形的边缘上，光标变成"▶▦"时点击，即可将没有完全显示的文本显示在新的图形内，完成文本的串接功能。

编辑串接文本：

① 移去串接文本：选中已经串接的文字，再选择【文字】菜单│【串接文本】│【移去串接文本】，即可移去两个文本框中间的链接线，完成两个文本框断开操作，文本仍然在串接的区域框中。

② 释放串接文本：选中串接的文字，再选择【文字】菜单│【串接】文本│【释放串接文本】，该命令可以将文本恢复到原来的无串接状态，文本在串接的区域框中消失。

（4）图文的绕排功能

方法一：创建文本绕排。

方法二：预先制作特殊形状，再建立区域文本。

方法三：多个区域文本串接。

① 最基本的图文绕排方法：输入段落文本，置入一张图片，将二者全部选中，再执行【对象】菜单│【文本绕排】│【建立】命令，即可完成图文绕排效果。

注意：图片必须在文字的上面，才能完成文字绕排。否则该命令无效，操作中会提示"文本将围绕当前选区中包括文字对象在内的所有对象"（如图 3-25）。

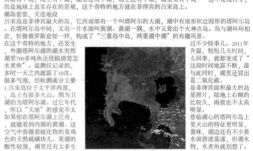

图 3-25　图文绕排效果

该种文字绕排方法可利用文字绕排选项来控制绕排效果。【对象】菜单｜【文本绕排】｜【文本绕排选项】（如图 3-26）。

图 3-26　文字绕排选项参数的应用

文本绕排释放：【对象】菜单｜【文本绕排】｜【释放】命令，即可恢复到无绕排状态。

② 预先制作特殊形状，再建立区域文本（图片占位法）。

操作方法（如图 3-27）：

创建文本和参考图形　　　　将文本和参考图形绕排　　　置入图片，并置于顶层，调整合适大小，
　　　　　　　　　　　　　　　　　　　　　　　　　　　　放在原来参考图形的上边

图 3-27　图片占位法进行文本绕排

注意：绘制图片时，可以先测量一下置入的图片的大小，在变换面板中查看宽和高的值。反之，也可以先绘制文本的基本形状，把图片的空间留出来，运用区域文本工具，把文本复制粘贴到基本形状中来，再把置入的图片放在预留的空间中排版。

实训案例 10　制作杂志内页

图 3-28　杂志内页效果

1. 工具应用分析

① 更改页面的大小；

② 单行文字和段落文字的输入；

③ 置入位图的方法及对位图的编辑；

④ 图文绕排的应用；

⑤ 区域文字的输入；

⑥ 钢笔工具的应用。

2. 操作步骤分析

① 设置页面为 A4 纸大小，横版。

② 利用钢笔工具绘制内页上边的灰色的图形底纹，并填充灰色，无描边。

③ 输入标题文字和作为内容的段落文字。

④ 置入相关的图片，更改大小，并放在合适的位置，最上边的图片，利用变换面板，修改倾斜参数，将图片进行倾斜处理；左页中心位置的图片，与左页的文字，按照之前学习的方法，进行图文排版，并利用对象菜单下的文字绕排选项来进行更改。右页的图片与右页的文字也进行图文绕排处理，位置可进行调整。注意在做文字绕排时，图片必须要在文字的上边。

⑤ 绘制左页底面的三个圆形，利用圆形工具绘制圆形，填充黄色，描边为绿色，按住【Alt】键拖曳复制，【Ctrl+D】再制，一共复制三个，进行排列。

⑥ 将黄色的圆形内输入区域文字。注意在输入区域文件之前，需要将每个图形单独复制一个作为文字的区域路径，因为图形一旦作为路径，输入文字后图形就不显示了。

⑦ 利用圆形、直线、文字工具绘制页码。

第4节　文字的打散与转曲

1. 单行点文字的打散

单行点文字的打散要借助于路径来完成，具体操作方法是：

① 绘制一条直线，选择路径文本工具沿路径打字。

② 执行【对象】菜单│【拼合透明度】命令，对话框中参数勾选都去掉，点击确定，此时每个字的下方多一个点，这种状态证明已被打散。

③ 执行【对象】菜单│【解组】命令，将字解组，所有的字就打散了，可以进行单独编辑。此种方法的特点是每一个字体还保留原有的字体特性，方便更改字体、字号、颜色等基本属性（如图3-29）。

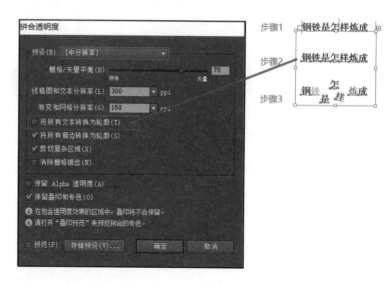

图 3-29　拼合透明度面板

2. 段落文字或区域文字的打散

特点：段落文字直接运用拼合透明度，是不会打散的。

段落文字或区域文字的打散方法是：

① 将多行点文字旋转一个小角度，角度为 0.01 度。

② 执行【对象】菜单 |【拼合透明度】命令，参数勾选都去掉，点击确定，字的状态同单行点文字打散状态一样。

③ 执行【对象】菜单 |【解组】命令，所有的字就打散了，可以单独编辑了，但是要用直接选择工具（白箭头）来拖动，用选择工具（黑箭头）仍然是一个整体，区域文字也是这个道理（如图 3-30）。

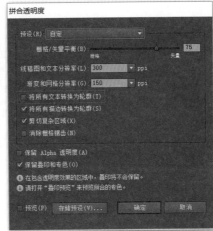

图 3-30　段落文字的打散

3. 文字转曲——创建轮廓

（1）将字体转换为曲线，由多个路径锚点构成的路径。

方法一：

① 输入文字，可以是单行文字，也可以是段落文字和区域文字。

② 执行【文字】菜单 |【创建轮廓】命令；快捷键【Shift +Ctrl +O】，即可以将文字转曲。

③ 转曲后所有的文字是一个整体，通过对象菜单下的取消编组命令，将其解组。

缺点：转曲后的文字变成了由多个点构成的路径，失去了原有的字体属性，不能更改字体、字号等基本属性。

优点：转曲后，字体的点决定字体的形状，可以通过编辑点的位置，来改变字体原有的造型，可以做一些特殊的艺术字体。

方法二：

① 输入文字，可以是单行文字，也可以是段落文字和区域文字。

② 执行【对象】菜单 |【拼合透明度】命令，勾选将所有文本转换为轮廓选项，即可将文本转曲（如图 3-31）。

梵 → 梵

图 3-31　文字转曲

（2）将字体每一个分离，操作如下：

① 前几步，同文字转曲方法一①②③。

② 选中字体，执行【对象】菜单｜【复合路径】｜【释放】命令，即可将字体的笔画分离，利用这种方法可以做字体解构。

③ 执行【对象】菜单｜【取消编组】命令，将其解组，使其独立。

④ 利用各种调整图形的方法，调整笔画，也可以更换笔画（如图 3-32）。

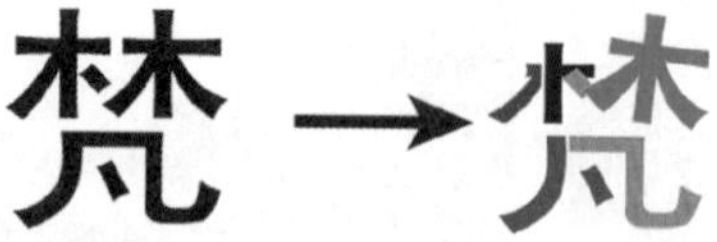

梵 → 梵

图 3-32　字体分离

设计理论小结：

文字是视觉传达设计的重要元素之一，对其进行加工和编排，使得文字容易被受众识别、理解。在视觉传达设计中，经常会用解构、重构方式来进行艺术字体的设计，从而增加字体的艺术美感。比较常用的有以下几种方法：

① 笔画重构。为了准确地传达信息，在不失文字识别性的基础上，根据视觉设计规律及形式美的法则，按照文字本身的特点，将文字的笔画打散后，进行笔画之间的重构，能够呈现出全新的视觉效果。

首先，笔画共用。为了增加文字的设计感和追求文字造型的生动性，将文字笔画打散重构的同时，把某些具有相似结构的文字共用其中的一个笔画、结构，从而使文字之间呈现出特殊的视觉效果，产生相关性和互动性。其次，笔画图形化。为了使文字设计具有点睛之笔的效果，把文字中某些笔画进行图形化处理，在将文字笔画打散重构的同时，又活跃了画面。再次，笔画缺失。在将文字笔画打散重构的同时，为了呈现出生动和特殊的视觉效果，把文字中某些不影响文字识别度的笔画或结构去掉。

② 添加和取舍。通常添加是指在汉字结构之上，不改变文体大结构的情况下，进行装饰性的添加。取舍是指把无关紧要的、在设计中不能体现实际意义的结构去掉，选取文字中必要的、值得保留的结构。添加和取舍是文字重构中比较常用的方法之一。

③ 图文重构。为了形成一种新的视觉效果，将文字或图像运用某种设计理念、视觉规律进行分解后再结合在一起，这就是图文重构。为了增强画面表现力，往往以图文重构的方式，表现出文字和图像等要素局部之间的关系。

实训案例 11　以"关爱母亲"为主题的字体解构

1．应用工具分析

① 文字工具的输入；

② 文字的转曲功能；

③ 利用路径的编辑功能修改文字造型；

④ 利用路径工具绘制心形的方法。

2．操作步骤分析

① 输入中文字体"关爱母亲"，字体为隶书。

② 快捷键【Shift＋Ctrl＋O】，创建轮廓命令，将文字转曲。

③ 执行【对象】菜单│【复合路径】│【释放】命令，将文字路径释放。

④ 执行【对象】菜单│【取消编组】命令，将文字每一个笔画进行分离。

⑤ 修改编辑文字路径的点，来调整字体造型。

图 3-33　字体解构效果图

"关"：选中直接选择工具选择右侧"捺"笔画与"撇"笔画相交处的点，执行属性栏中的剪切路径按钮，将捺与其他笔画断开，再选择黑箭头选择工具，点击选中捺的部分，【Del】删除即可。将"关"的第一笔"点"删除，利用圆形工具绘制合适大小的圆形替代点笔划。

"爱"：将第一笔"撇"，利用直接选择工具，调整点的位置，修改其造型；中间的点笔画删除，换成圆形；右下角的"又"与字的其他部分分离并删除。换成图形绘制的心形。

"母"：在文字复合路径释放时，"母"字中间部分变成纯黑色，选择中间分离出来的小路径与整个字做差集运算，即可得到"母"字的完整造型。

"亲"：同上方法，右侧笔划用圆点替换。

⑥ 绘制星形的方法：绘制一个圆形，利用直接选择工具，调整点的把柄，更改曲线的曲度，得到心形，原地复制一个，并将其缩小，调整位置关系，将两个心形都选中，做差集运算。得到镂空的心形效果，并将字体的笔画与心形进行合并，并去除多余的点，优化图形（如图3-34）。

图 3-34　心形的绘制过程

第4章　变换操作

学习目标：

① 了解变换的基础知识；

② 变换工具的应用——移动、旋转、缩放、倾斜等工具的基本功能及复制功能；

③ 变换操作的应用实例——时钟的绘制；

④ 镜像的基本功能及复制功能；

⑤ 镜像的应用实例——联通公司标志的绘制；

⑥ 自由变换功能及应用——立体盒子的绘制；

⑦ 分别变换与变换效果。

第1节　变换的基础知识

变换操作是设计软件最常用的功能之一，主要是指在位置移动、大小缩放、镜像对称、旋转、倾斜、透视及变换的同时进行复制等功能。

AI 提供的变换操作方式大致可以分为：操作定界框、变换面板、各种变换工具、自由变换工具、快捷操作方式、分别变换与变换效果、利用动作重复多种变换等。

1. 定界框（如图 4-1）

（1）定界框的显示与隐藏

正常情况下，绘制完图形后，当对图形进行选择时，在图形的外边界会出现矩形的定界框，且定界框

正常定界框 　旋转之后定界框状态 　重置定界框 　重置定界框颜色
　　　　　　与旋转角度一致

图 4-1　定界框

是没有倾斜角度的，在 AI 中，可以控制定界框的显示和隐藏，其方法是【视图】菜单 |【显示定界框/隐藏定界框】；快捷键【Ctrl+Shift+8】。

（2）定界框的操作

选择工具控制定界框可以完成移动、缩放、旋转等操作，当图形通过定界框的点进行调整编辑后，定界框的外形和角度会发生变化，再次调整图形时会受到角度等因素的限制。

（3）对象旋转后的定界框重置方法

方法一：通过复合路径来重置定界框。选择图形，执行【对象】菜单 |【复合路径】|【建立】命令，即可将图形定界框恢复原始状态。

方法二：通过变换来重置定界框。选择图形，执行【对象】菜单 |【变换】|【重置定界框】命令，也可将图形定界框恢复原始状态。

（4）重置定界框的颜色

在图层【F7】中改，双击图层，调出图层选项面板，可以更改定界框的颜色，不同的图层可以设置不同的颜色定界框（如图 4-2）。

 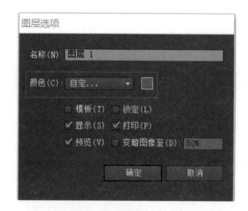

图 4-2　通过图层选项面板更改定界框颜色

2.变换面板

通过变换面板，可以对图形进行简单的移动、旋转、倾斜、镜像等操作。详细内容见第二章第四节。

第2节　变换工具的应用

1. 移动并再制

移动物体的位置，可以理解为改变对象的相对位置，即在原有位置的基础上，X、Y方向发生变化。有以下几种方法：

（1）任意移动

选择【选择工具】（🖱️）或快捷键【V】，或在任何工具情况下，按【Ctrl】键就可切换为选择工具，选中物体，可以自由拖动物体移动。

（2）精确移动

方法一：利用变换面板，快捷键【Shift+F8】，给X/Y设置增量，通过改变位置来移动物体。

方法二：双击"选择工具"/单选"选择工具"后回车/【变换】菜单｜移动/【Shift+Ctrl+M】，通过这些命令，都可以调出精确移动的对话框。此种方法有两个功能，一是可以通过输入精确的参数来进行精确的移动；二是AI对变换操作有记忆功能，可以通过对话框中的复制按钮来进行物体的再制（如图4-3）。

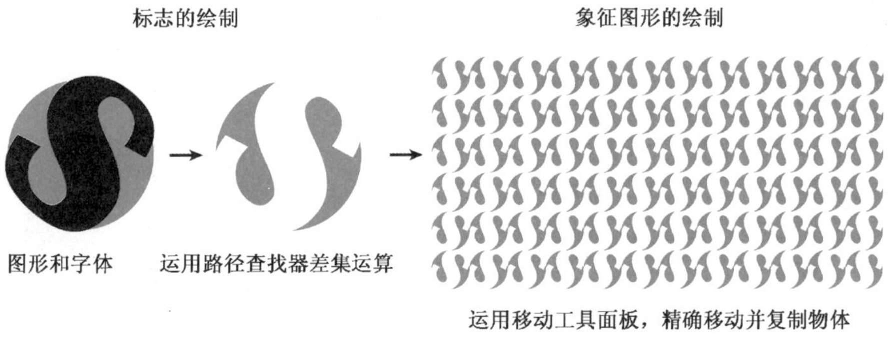

标志的绘制　　　　　　　　　　　　象征图形的绘制

图形和字体　　　运用路径查找器差集运算

运用移动工具面板，精确移动并复制物体

图4-3　精确移动的方法绘制的图形效果

操作步骤：

①选择标志图形，在变换面板中，将宽度和高度均设置为10mm。

②双击选择工具，调出移动的对话框，设置相关参数（如图4-4），点击【复制】，连续按【Ctrl+D】再制，得到一横行图形。

③同理，再将这横行图形全部选中，再次双击选择工具，调出移动的对话框，设置相关参数（如图4-4），点击复制，连续按【Ctrl+D】再制，得到整个图形。

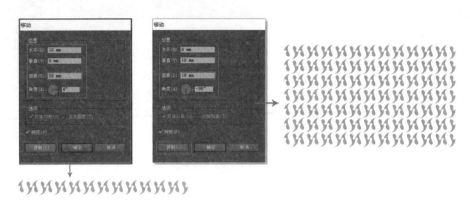

图 4-4　精确移动参数

2. 旋转并再制

旋转有两种方式：任意旋转和精确旋转。

（1）任意旋转（手动旋转）

一是选择工具：将鼠标放在定界框角点外，光标变成双箭头时任意拖曳即可实现图形的旋转，可配合在变换面板中设置旋转中心点再旋转。

二是旋转工具：按钮【　】或快捷键【R】，选中图形，选择旋转工具，任意拖曳即可旋转图形。默认情况下，旋转点是图形的中心点。要想更改中心点的位置，在旋转前用鼠标拖曳中心点小图标到指定位置再旋转即可。

（2）精确旋转

① 利用变换面板

利用变换面板中的旋转参数，配合面板中的定位点，可以精确设置旋转角度来旋转图形。

② 利用旋转对话框（如图 4-5）

双击旋转工具/单选旋转工具后回车/变换菜单旋转，均可调出旋转对话框，设置旋转参数，点击【确定】，可进行精确旋转。默认情况下，旋转定位点是中心点。

（3）旋转再制

双击旋转工具/单选旋转工具后回车/变换菜单旋转，均可调出旋转对话框，设置旋转参数，点击【复制】，可进行精确旋转复制，利用【Ctrl＋D】再次旋转复制。注意：如果前一次旋转时没有复制，再次变换也就只是旋转原来的对象，不会出现复制的副本。

图 4-5　精确旋转面板参数

（4）更改定位点旋转并再制的方法：选中图形，选择旋转工具，按住【Alt】键拖曳定界框中心点到指定位置松手，即可出现旋转对话框，输入旋转角度，点击【确定】，可将原图形按设置的中心点旋转。点击【复制】，再按【Ctrl＋D】，可以对原图形按照设置的定位点和角度进行精确旋转。

（5）旋转操作技巧小练习（如图 4-6、图 4-7）

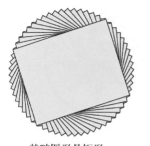  

基础图形是矩形 　　　　去掉描边的效果 　　　　基础图形是圆角矩形

可以利用此种方法
绘制VI手册应用系
统中的包状纸、杯
垫、餐巾纸等效果

图 4-6　旋转应用效果

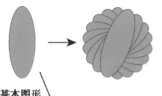

基本图形

旋转再制的方法：
选中图形，双击旋转工具，调出对话框，设置角
度为20，点击复制，输入快捷键【Ctrl+D】，依据
前一次的角度进行再制。

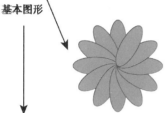 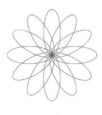

更改定位点旋转复制的方法：
选中图形，选择旋转工具，按住【Alt】键拖曳定
界框中心点到椭圆下边的象限点位置松手，即可
出现旋转对话框，设置角度为20，点击复制，输
入快捷键【Ctrl+D】，依据指定点和角度进行再
制。

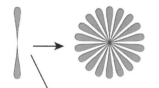

旋转再制

对象/路径/
平均，选择
垂直选项

 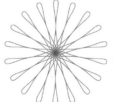

更改定位点旋转复制

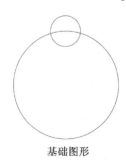 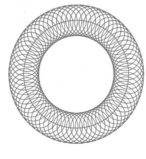

基础图形

更改定位点旋转复制的方法：
选中小园，选择旋转工具，按住【Alt】键拖曳定界框中
心点到大圆的中心点位置松手，即可出现旋转对话框，
设置角度为5，点击复制，输入快捷键【Ctrl+D】，依据
指定点和角度进行再制。

图 4-7　各种旋转再制的效果

旋转再制实训案例：星形图案的绘制过程如图 4-8 所示。

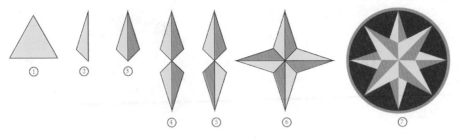

①　②　③　④　⑤　⑥　⑦

图 4-8　星形图案绘制过程

3．缩放并再制

（1）在 AI 中有四种缩放方式：

方式一：自由缩放

① 利用移动工具拖曳定界框的角点，可自由缩放图形的大小及比例关系。按住【Shift】键拖曳定界框角点可等比例缩放。

② 利用缩放工具【▧】，或使用快捷键【S】，任意拖曳图形，即可自由缩放图形的大小及比例关系。

方式二：按比例缩放

① 利用变换面板中的"锁定比例"图标，来约束宽度和高度的比例关系，在保证比例关系不变的情况下去更改宽带和高度的值，以缩放图形。

② 利用缩放对话框参数来进行比例缩放。选中图形，双击缩放工具，调出缩放对话框，输入等比例参数值，大于100% 是放大，小于100% 是缩小。同时，在此对话框中也可以设置不等比参数，来进行不等比缩放（如图 4-9）。

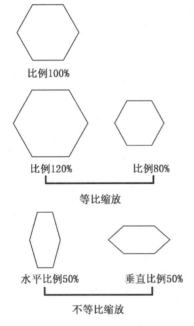

比例100%

比例120%　　比例80%

等比缩放

水平比例50%　　垂直比例50%

不等比缩放

图 4-9　比例缩放面板参数

方式三：改变定位点进行缩放

① 利用缩放工具进行自由缩放时，默认定位点为中心点，要想更改定位点，可单选"缩放工具"，任意拖曳定界框的中心点到指定位置，再进行拖曳缩放即可。

缺点：定位点准确，但缩放比例是随意的（如图4-10）。

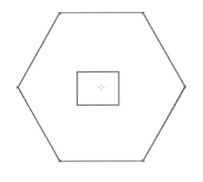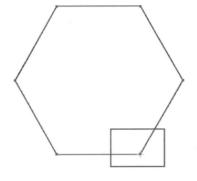

默认情况图形定位点在中心点　　　　选择缩放工具，拖中心点到指定位置　　　任意拖曳图形缩小
　　　　　　　　　　　　　　　　　　　　　　　　　　　　　　　　　　　　　按【Shift】等比例缩放

图4-10　更改定位点缩放

② 利用变换面板缩放时，可通过更改变换面板中的参考定位点的位置来更改缩放中心进行缩放。

方式四：路径偏移

选择原图形，执行【对象】菜单｜【路径】｜【偏移路径】命令，调出偏移路径对话框，在对话框中设置位移值，点击确定即可。

（2）缩放并再制

① 利用变换面板的方法进行缩放复制

选中原图形，利用【Ctrl+C】【Ctrl+F】的方法原地复制一个图形，然后打开变换面板，在锁定宽度和高度比例关系的情况下更改宽度和高度值，即可完成缩放复制，此种方法虽然理解容易，但是操作较为麻烦。

② 精确缩放复制的方法

方法一：选择图形，双击缩放工具，调出对话框，调整参数，点击复制即可完成缩放复制，此时定位点是图形中心点。

方法二：更改定位点进行缩放复制，选择图形，选择缩放工具，按住【Alt】键，拖曳定界框的中心点到指定位置后松手，即可打开缩放的对话框，在对话框中设置相关比例参数，点击【复制】。

以上两种复制方法，要想继续复制，再按【Ctrl+D】再制，即可缩放复制多个图形。

方法三：不规则图形，要想实现四周均匀扩展，采用路径偏移的功能。

由于曲线图形线条不规律，在进行等比例缩放时，会出现四周不均匀效果，要想均匀，必须使用路径偏移命令（如图4-11）。

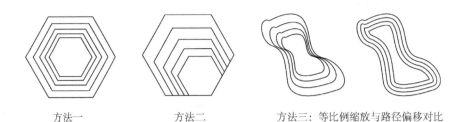

方法一　　　　　方法二　　　　　方法三：等比例缩放与路径偏移对比

图 4-11　缩放再制的三种方法

（3）缩放再制实训案例——利用缩放的方法绘制太极图（如图 4-12）

① 画一个正圆，无填充，轮廓为黑（见图 4-12 中的①）。

② 选择圆形，选择缩放工具，按住【Alt】键，拖曳圆形定界框中心点到上边的象限点位置，利用智能参考线功能【Ctrl+U】，捕捉贴齐，鼠标松手后，弹出缩放对话框，输入缩放参数，等比缩放 =50%，点击复制。再选择大圆，按【Ctrl+D】，再制一个。利用智能辅助线移动对齐上边顶点和下边底点（见图 4-12 的图②③）。

③ 选中小圆，双击缩放工具，利用智能辅助线移动对齐上边顶点和下边底点，等比缩放 =40%，点复制。下边的小圆再做一次这个操作（见图④）。

④ 绘制一个矩形压住大圆右侧一半，选中矩形和大圆，打开路径查找器面板，选差集（见图⑤⑥）。

⑤ 选中半圆和上边的中圆，打开路径查找器面板，选联集（见图⑦）。

⑥ 选中半圆和下边的中圆，打开路径查找器面板，选差集（见图⑧）。注意：中圆一定在半圆的上边。

⑦ 选中运算好的图形，复制一个，打开变换面板，输入旋转参数为 180 度（见图⑨）。

⑧ 将图形填充颜色，去掉描边（见图⑩）。

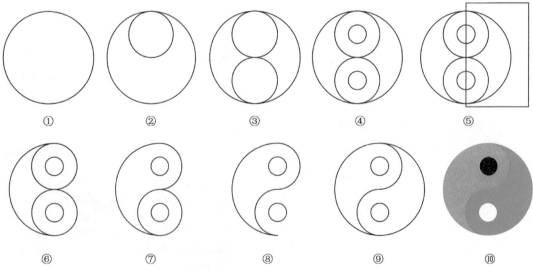

图 4-12　太极图的绘制步骤

4．倾斜并再制

倾斜也是变换的常用手段之一，AI 倾斜的操作方法有以下几种：

（1）变换面板中的倾斜参数设置，详见第二章。

（2）倾斜对话框

双击倾斜工具【📐】/【变换】菜单｜【倾斜】命令，即可调出倾斜对话框（如图4-13）。

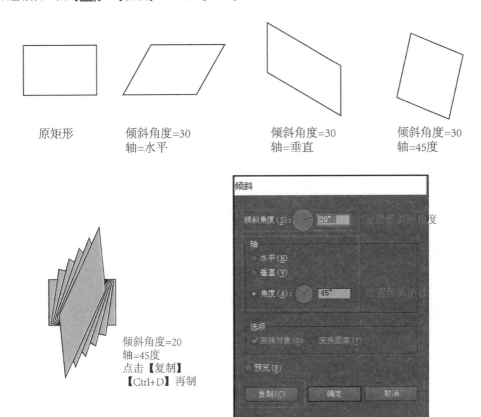

原矩形　　　倾斜角度=30　　　倾斜角度=30　　　倾斜角度=30
　　　　　　轴=水平　　　　　轴=垂直　　　　　轴=45度

倾斜角度=20
轴=45度
点击【复制】
【Ctrl+D】再制

图 4-13　倾斜对话框参数及面板

（3）利用倾斜工具，更改定位点，手动调整倾斜角度。

操作方法：选择图形，选择倾斜工具，拖曳定界框中心点到指定位置后松开，再拖曳图形即可完成图形的倾斜操作。

（4）倾斜并再制的方法

选择图形，选择倾斜工具，按住【Alt】键拖曳定界框中心点到指定位置后松开，即可弹出倾斜对话框，在对话框内设置倾斜的角度以及倾斜的轴，点击【复制】，再按【Ctrl+D】再制。

5．镜像并再制

镜像功能是用来制作对称图形的，在 AI 中制作对称图形有以下几种方法：

（1）利用镜像功能

① 手动镜像：选中图形，选择镜像工具【🔲】，或快捷键【O】，拖曳定界框中心点到指定点，再拖

动物体移动，以定位点为中心进行旋转，此时相当于旋转工具；在拖动物体移动的同时，按住【Shift】可按照45度和90度进行旋转，当旋转180度时，相当于镜像效果。

② 中心轴镜像，即利用镜像对话框参数绘制。

调用镜像对话框的方法：双击镜像工具/选择镜像工具后回车/对象变换菜单中的对称命令。

操作步骤：选中图形，利用上边介绍的方法调用镜像对话框，可在对话框内设置镜像轴向，点击确定即可。

（2）利用变换面板中的水平翻转和垂直翻转命令，制作对称图形。

操作步骤：选中图形，原地复制一个，打开变换面板，调整控制点的位置，选择变换面板下拉菜单的水平翻转和垂直翻转，达到制作对称图形的目的。

（3）利用镜像功能复制

① 不更改定位点复制，选中物体，双击镜像工具，弹出对话框，设置镜像轴向，点击复制，按【Ctrl+D】继续复制。

② 更改定位点复制，也称为手动方式镜像复制，选中图形，选择镜像工具，第一次点击确定镜像轴的第一点，按【Alt】键，再第二次点击确定镜像轴的第二点，即可按照镜像轴对物体进行镜像复制。如果点击第二点按住鼠标不放拖曳，可以将物体旋转任意角度复制（如图4-14）。

图4-14　基本图形的镜像再制效果

6. 自由变换功能

在AI中也有自由变换功能，类似于Photoshop中的自由变换功能，但是操作方式有一些不同。

（1）调用方式：工具箱中的自由变换工具按钮【　　】/快捷键【E】。

（2）操作方法：

① 基本功能

自由变换基本功能与移动工具操作基本相似，可利用鼠标拖曳，进行移动、缩放、旋转等操作。

② 特殊变换功能

倾斜变换：鼠标拖曳，配合【Ctrl+Shift】快捷键，调整角点位置。

扭曲变换：鼠标拖曳，配合【Ctrl】快捷键，调整角点位置。

透视变换：鼠标拖曳，配合【Alt+Ctrl+Shift】快捷键，调整角点位置。

注意：

① 自由变换工具与快捷方式辅助操作时，必须要先按住鼠标，再按快捷方式，再拖曳鼠标，即可将图形进行特殊的变换处理。

② 当对文字进行自由变换时，需要将字体先创建轮廓。

③ 如果位图需要自由变换，也不能做任意扭曲和透视，要想扭曲和透视，需要做封套。

单独画一个需要的图形，然后执行【对象】菜单 |【创建封套】 |【利用顶层建立】命令。快捷键【Ctrl+Alt+C】（如图4-15）。

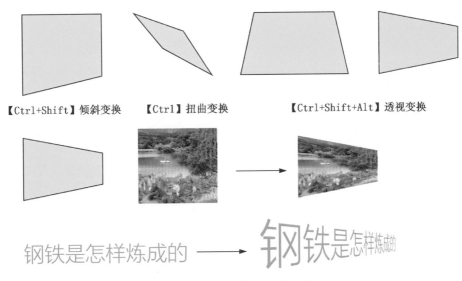

【Ctrl+Shift】倾斜变换　　【Ctrl】扭曲变换　　【Ctrl+Shift+Alt】透视变换

钢铁是怎样炼成的 ⟶ 钢铁是怎样炼成的

图4-15　自由变换功能的应用

7. 透视网格工具组

在 Illustrator 中，可以使用透视网格工具，以达到在平面软件中绘制立体效果。

（1）透视网格工具组包括：

① "透视网格工具"（ ）【Shift+P】

② "透视选区工具"（ ）【Shift+V】

（2）透视有三种形式：一点透视、两点透视、三点透视

【视图】菜单 |【透视网格】 | 三种透视类型（如图4-16、图4-17）。

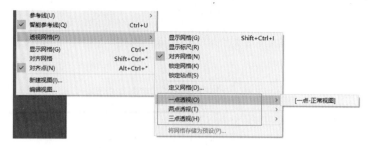

图 4-16　三种透视网格的菜单命令

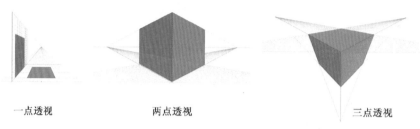

一点透视　　　　　两点透视　　　　　三点透视

图 4-17　三种透视网格效果

（3）透视网格简介（图 4-18）

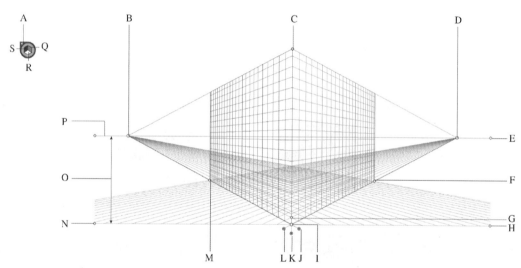

A.平面切换构件　B.平网格平面　C.垂直网格长度　D.右侧消失点　E.水平线　F.网格长度　G.网格单元格大小
H.地平线　I.原稿　J.左侧网格平面控制　K.水平网格平面控制　L.右侧网格平面控制　M.网格长度　N.地平线
O.水平高度　P.水平线　Q.右侧网格平面　R.水平网格平面　S.左侧网格平面

图 4-18　透视网格详解

（4）透视网格的操作方法

① 选择透视类型，可通过【视图】菜单 |【透视网格】| 三种透视类型；或者按住【Shift + V】。

② 选择绘制图形的工具，如矩形。

③ 选择平面切换构件中的左/右/水平网格平面，在页面网格中进行绘制，得到具有透视关系的图形效果。注意：平面切换构件中的网格平面方向要与页面中的网格方向一致，否则绘制没有透视关系。

④ 在绘制的过程中，如果想移动绘制的图形，必须用透视选区工具，才不会变形。如果用黑箭头的

选择工具移动会变形。

⑤ 如果要复制图形，需要选择透视选区工具，按住【Alt +Shift】键，复制拖曳，复制的物体会沿着网格线对齐，立体感觉非常好。

⑥ 绘制完成，去掉透视网格，可以点击平面切换构件小图标中的小叉 "X" 或者按【Ctrl +Shift +I】。

案例：可以绘制一些店铺，建筑效果图之类的图形。

（5）应用实例：透视字体的绘制（如图 4-19）

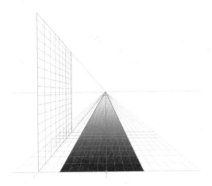
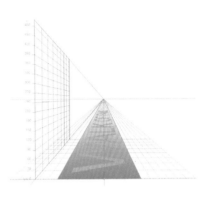

一点透视，并选择水平风格平面，绘制矩形　　输入文字，并逆时针旋转90度　　利用透视选择工具，选择文字并拖曳到水平网格中，字体自动以透视形式显示，从而制作透视字体效果

图 4-19　透视字体的绘制效果

（6）应用实例：两点透视效果（如图 4-20）

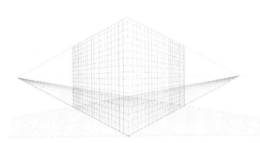
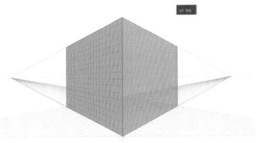

选择两点透视　　　　　　　　　　　分别选择左右风格平面绘制矩形

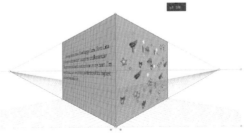

透视排版的图形和文字　　　　　　　　透视效果

图 4-20　两点透视效果

注意：将图形和文字在透视网格里进行排版时，需要利用透视选择工具拖曳来完成，移动工具不能完成透视效果。

实训案例 12   时钟的绘制

1. 工具应用分析

① 路径查找器功能；

② 旋转并再制功能的应用；

③ 变换面板功能的应用。

2. 操作步骤分析

① 画一个垂直的矩形，宽度 0.5mm 左右（可以做时针的宽度），利用旋转工具，双击，在面板中输入 30 度，复制，【Ctrl+D】再制，再制的数量为时针的数量（见图 4-22 中的图①）。

图 4-21   时钟效果图

② 选择第一个绘制的矩形，原地再复制一个矩形，宽度 0.1 mm 左右（可以做分针的宽度），利用旋转工具，双击，在面板中输入 6 度，复制，【Ctrl+D】再制，再制的数量为分针的数量（见图②）。

③ 将图①和图②的图形全部选中，【Shift+F7】打开对齐命令面板，选择垂直中心和水平中心对齐方式，将所有选中的图形进行对齐；【Shift+Ctrl+F9】打开路径查找器面板，选择"联集"模式，将所有图形进行相加处理。

④ 以时针和分针的旋转点相交处为中心，绘制一个圆形，再复制一个图形，粘贴到前面，按住【Shift+Alt】键等比例缩小，选中两个圆形，路径查找器→差集，可得到一个圆环，并填充一个颜色看一下结果（见图④⑤）。

⑤ 把圆环和后面的时针分针都选中，路径查找器→交集（见图⑥）。

⑥ 绘制圆形，做时钟外框大小超过指针范围，设置喜欢的填充色和轮廓色，并放置在后面（见图⑦）。

⑦ 画一个小圆圈，做表针固定，填充灰色。利用矩形工具绘制时针和分针，分别放置在后面（见图⑧）。

⑧ 输入文字 1－12，并将文字拆分放在表盘合适位置（见图⑧）。

绘制图形流程图，如图 4-22。

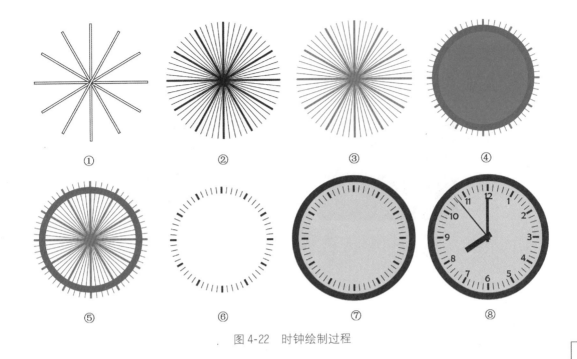

图 4-22　时钟绘制过程

实训案例 13　联通公司标志的绘制

1．标志设计解析

中国联通公司的标志是由一种回环贯通的中国古代吉祥图形"盘长"纹样演变而来。迂回往复的线条象征着现代通信网络，寓意着信息社会中联通公司的通信事业并然有序而又迅达畅通，同时也象征着联通公司的事业无以穷尽，日久天长。

标志造型中的四个方形有四通八达，事事如意之意，六个圆形有路路相通，处处顺畅之意，标志造型中所蕴含的"四通八达""六六大顺"和"十全十美"之意，体现了中国传统文化的精髓。

无论从对称讲，还是从偶数说，都洋溢着古老东方久已失传的吉祥之气。

图 4-23　联通公司标志效果

2．工具应用解析

① 旋转与再制功能的应用；

② 对称图形的绘制方法——镜像复制功能的应用；

③ 路径查找器中形状模式的应用。

3. 操作步骤分析

① 绘制基本图形，圆角矩形工具，参数如图4-24，填充色为蓝色，无描边。

② 选中圆角矩形，执行【对象】菜单丨【路径】丨【偏移路径】命令，参数如图4-24。

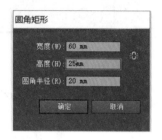

图 4-24　圆角矩形与偏移路径参数

③ 选中图形，执行【对象】菜单丨【复合路径】丨【建立】命令，将图形做成环形（见图4-25中的图②）。

④ 将图形进行修剪，绘制矩形作为辅助图形，将图形与圆环选中，利用路径查找器中的差集修剪图形，完成图形单一元素的绘制（见图③④）。

⑤ 选中元素图形，双击旋转工具，输入45度，确定即可得到图⑤的图形。

⑥ 选图⑤的图形，双击镜像工具，弹出对话框，设置垂直轴，点击复制。

⑦ 利用移动工具将图形调整成图⑥图形的状态。

⑧ 选择图⑥的图形，选择镜像工具，点击图形下方左侧点，按住【Alt】键，再点击图形下方右侧的点确定镜像轴，复制图形，得到图⑦的图形，执行路径查找器中的联集，将图形合并。

⑨ 选择图⑥的图形，按住【Alt】键拖动复制，双击选择旋转工具，设置角度-90度，点击确定，并利用移动工具，将图形移动到图⑧图形的位置。

⑩ 绘制一个矩形，旋转45度，作为裁切图形的辅助图形，与图形进行差集运算，注意不只一个运算，直到修剪完为止，得到图⑨的图形，并利用路径查找器联集，将图形合并。

⑪ 将图⑨的图形和图⑦的图形进行组合，将图⑨的图形利用镜像工具进行左右对称得到图⑩标志效果（如图4-25）。

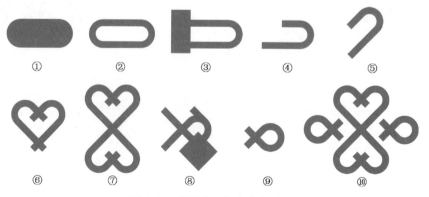

图 4-25　联通公司标志绘制过程

实训案例 14　简单立体盒子的绘制

1. 应用工具分析

① 自由变换工具的应用；

② 用顶层对象建立物体。

2. 操作步骤分析

① 绘制矩形，并利用自由变换工具，配合快捷键，将图形调整成包装盒立体造型。

② 利用顶层建立，将图片与图形进行结合（如图4-27）。

图 4-26　立体盒子效果图

图 4-27　立体盒子的绘制过程

第 3 节　分别变换与变换效果

分别变换是多个对象同时变换，但效果又是每一个独自进行变换（如图4-28）。

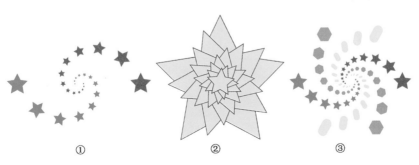

①　　　　　　　　②　　　　　　　　③

图 4-28　分别变换效果图

图 4-28 中①的绘制有以下两种方法：

（1）分别变换的方法

① 绘制星形，填充绿色，按住【Alt＋Shift】键拖曳复制一个星形，更改颜色为红色，放在左右两侧，使两个星形成组。

② 执行【对象】菜单｜【变换】｜【分别变换】命令，弹出分别变换对话框，设置参数（如图 4-29）。

③ 按【Ctrl＋D】继续复制。

（2）变换效果的方法

① 步骤 1 同上面操作。

② 执行【效果】菜单｜【扭曲和变换】｜【变换】命令，弹出变换效果对话框，设置参数（如图 4-29）。

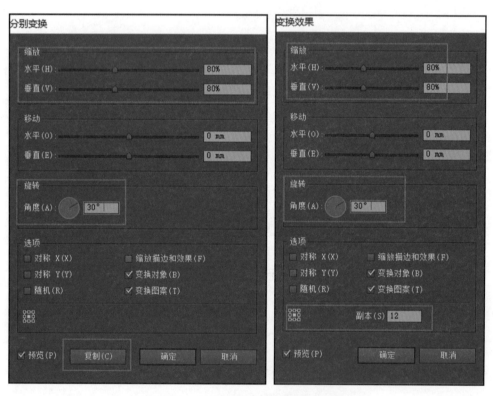

图 4-29　分别变换与变换效果参数对比

注意：通过变换效果生成的对象有一个特点——后复制的对象不能被选中，因为它只是一种外观，只能选中原来的那个基础图形。要想选中所有的物体，必须对其进行扩展外观（【对象】菜单｜【扩展外观】命令），再取消群组，即可编辑所有的图形。

效果图中另外两个图形与第一个图形的操作方法一样，只是基础图形不同，可自行练习。

第4节　利用动作重复多种变换

前面章节学习了很多复制图形的方法，但是这些方法仅单纯地进行物体复制，复制的物体与原来的物体是完全相同的，即使采用分别变换也是简单的几种变换效果的重复。运用动作面板可对制作图形的操作步骤进行复制。

动作是各种动作批处理的方法，常利用此功能做有规律的韵律图或背景图案效果（如图 4-30）。

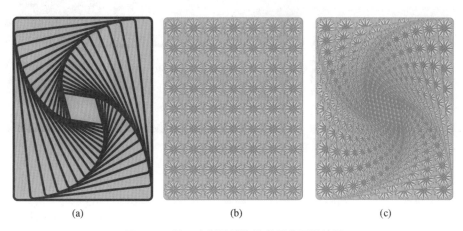

(a)　　　　　　　　　　(b)　　　　　　　　　　(c)

图 4-30　利用动作面板批处理后的图形效果

1. 图（a）的绘制（如图 4-31）

① 绘制一个圆角矩形，更改填充颜色和描边颜色。

② 打开窗口菜单下的动作命令面板，新建动作集，新建动作，可在面板中设置功能键：F2，Shift 等。

③ 开始记录动作

双击旋转工具，旋转面板中参数设置，旋转角度 =6 度，点击复制（如图 4-31 中的图④）。

双击缩放工具，缩放面板中参数设置，不等比，水平 =88%，垂直 =92%，点击确定（如图⑤）。

④ 动作记录结束，按前面的停止【●】按钮。

⑤ 在动作面板中，选中动作 1，点击播放按钮，即可把动作中的所有操作重新复制一遍。每点击一次，就复制一次，这样就可以利用此功能完成批量的图形复制（如图⑥）。

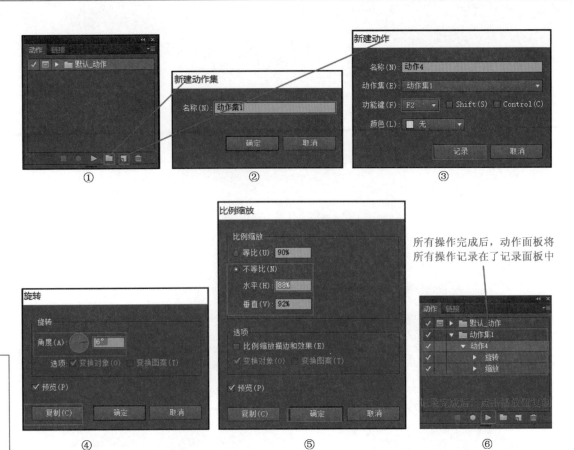

图 4-31　利用动作面板批处理图形的过程

2．图（b）与图（c）绘制的方法与图（a）相同，只是基础图形不同

Illustrator 基础与实例

提 高 篇

第5章 对象的填充与描边

学习目标：

① 色彩基础知识；

② 渐变色的填充；

③ 渐变色填充的应用——卡通风景画的绘制；

④ 图案的填充及应用——立体盒子图案的填充；

⑤ 渐变网格填充的技巧；

⑥ 外观面板的妙用；

⑦ 实时上色组的使用方法——标志的制作。

第1节 色彩基础知识

1. 色彩模式

要正确使用颜色，首先要了解颜色模式的相关知识，并且在制作时须明确图片的具体应用场合对颜色模式的要求，以便能够正确地选择相应的颜色模型来定义颜色。如印刷输出时，用 CMYK 模式，屏幕显示用的是 RGB 模式。

每种颜色模式分别表示用于描述颜色的不同方法。常见的色彩模式有 RGB、CMYK、HSB、Lab 等。

（1）RGB 颜色模式

RGB 模式是加色模式，是红、绿、蓝三色光按不同的比例和强度进行混合得到的颜色，三种颜色叠加后可以产生白色，一般用于自发光的显示场合。比如：显示器屏幕的显示模式采用的是 RGB 模式。

（2）CMYK 颜色模式

CMYK 是减色模式，是由青、品红、黄、黑四种颜色组成，是一种基于白色背景的颜色混合模式，混合颜色越多，颜色越深越暗。

（3）HSB 颜色模式

HSB 是一种颜色设置方案，不是文档颜色模式，在拾色器中可以设置参数值。H 是色相，用度数代表颜色的种类；S 是饱和度，表示色相中灰色分量的比例，是指颜色的强度或纯度，饱和度为 0，就是灰色，饱和度是 100%，则表示完全饱和。B 是亮度，是颜色的明暗程度，值为 0% 时是黑色，为 100% 时是白色。

（4）Lab 颜色模式

Lab 颜色模式是由三个通道组成，L 通道代表亮度，a 通道代表的是从深绿色到灰色再到亮粉色变化，b 通道代表的是从亮蓝色到灰色再到黄色的变化。

在色彩的表现能力上，Lab 的色彩表现最强，其次是 RGB，第三位才是 CMYK。

（5）RGB 与 CMYK 颜色模式的区别

在实际工作中用到最多的就是 RGB 和 CMYK 两大色彩模式，设计前必须要清楚二者的区别：

① RGB 色彩模式是发光的，存在于屏幕等显示设备中，不存在于印刷品中。

② CMYK 色彩模式是反光的，需要外界辅助光源才能被感知，它是印刷品唯一的色彩模式，如果打印或印刷，使用 CMYK 才可确保印刷品颜色与设计时一致。

2. AI 填色控件

在 AI 软件中，对物体填充和描边颜色的控制主要有三种途径：

① 属性栏；② 工具箱；③ 颜色面板（如图 5-1）。

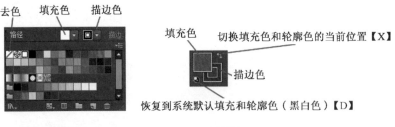

属性栏　　　　　　　　　　　工具箱

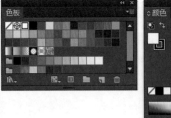
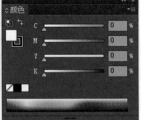

颜色面板

图 5-1　AI 填充控件

3. AI 颜色选取的方式（如图 5-2）

根据填色控件，可以给物体选取颜色，主要有四种方式：色板、拾色器、颜色面板、颜色参考。

（1）色板是最基础、最基本、最实用的取色方式。

（2）所有颜色面板在【窗口】菜单下。

（3）色板中的颜色是文件里的，色板库中的颜色是软件里的。例如，在操作中，经常会出现"AI 色板里没有颜色"这样的问题。出现这种情况是，利用"打开"命令直接打开位图图片的原因。其解决的方法是，先新建文档，再通过"置入"的方式将位图图片置入到新建的文档中，这样色板中的颜色信息就不会丢失了。

（4）颜色参考，跟颜色面板在同一组下，在这里可以设置很多颜色协调方案，可设置亮暗、冷暖的配色方案。这个面板就是一个配色的指南。

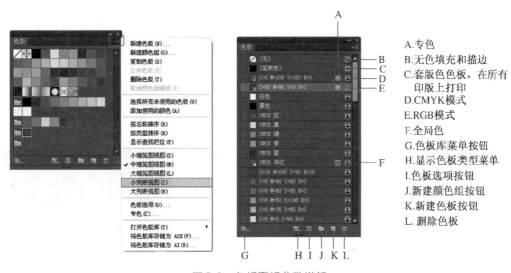

图 5-2　色板面板参数详解

4. 全局色与非全局色

全局色与非全局色只是一种颜色的处理方法，不影响颜色的显示效果，并且全局色对于"专色印刷多色制版"时非常有用。注意：全局色在改变颜色时会发生一定的变化，非全局色在改变颜色时不会发生一定的变化（如图 5-3）。

更改全局色的方法：

在色板上双击即可弹出色板选项对话框，勾选全局色参数，点击确定，即可将颜色设置为全局色。全局色会在色块的右下角显示白色的三角形（如图 5-3）。

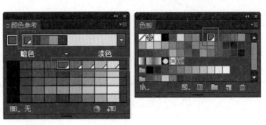

图 5-3　全局色与非全局色的设定

5. 专色与印刷色

专色和印刷色是不真实的颜色，图片放大 50 倍之后，会看到很多的点。一般的彩印都是四色印刷，但在特殊情况下可能只需要呈现一种颜色，或在要求颜色比较鲜艳的情况下，这就必须要用到专色。例如，方便面的袋子是比较鲜艳的红色，这种红色用四色不能混合出来，要用到专色。

AI 可以将颜色类型指定为专色或者印刷色，而这两种颜色类型与商业印刷中使用的两种主要油墨类型是相对应的，专色采用专色的油墨，印刷色采用 CMYK 四色油墨。在"色板"面板中，可以通过颜色名称旁边的显示图标来识别该颜色的颜色类型。

更改专色的方法：

双击颜色可以调出【色板】选项，将颜色类型改为专色。在颜色的右下角就会显示小黑点，代表是专色。如果把色板改写成列表形式，也有图标显示（如图 5-4）。

图 5-4　色板中专色的显示样式

第 2 节　渐变色的填充

对图形填充渐变色，需要借助于渐变工具和渐变面板。

1. 渐变面板

在 AI 的渐变面板中设有两种渐变类型，即线性渐变和圆形渐变。双击渐变工具，可以弹出渐变面板，在面板中可以切换渐变的类型。

（1）线性渐变（如图5-5）

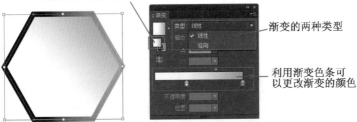

图5-5　线性渐变的设置参数及效果

（2）圆形渐变（如图5-6）

利用径向渐变可以更改渐变的圆度和角度。

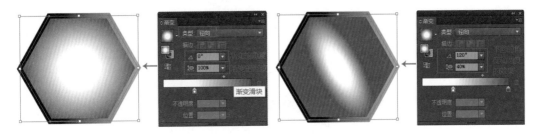

图5-6　圆形渐变的设置参数及效果

（3）可对图形的描边进行渐变填充（如图5-7）

将渐变面板中的轮廓设置为当前，调整渐变的颜色，可以更改描边的类型等。

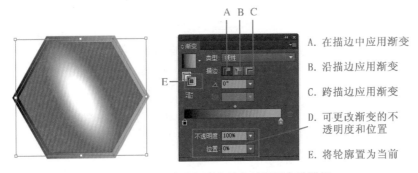

图5-7　针对描边进行渐变填充时面板参数详解

2. 渐变工具【▦】（【G】）

利用渐变工具可以手动完成渐变填充。

选中渐变工具，单击未选中的非渐变填充图形，即可完成简单的渐变填充。

【注意】选择图形时，如果图形有填充，点击内部和边缘都可，如果图形无填充，必须单击边缘才可以进行填充。

（1）手动线性渐变

选择渐变工具，在渐变面板中选择线性渐变类型，用工具点击图形施加渐变，会显示线性渐变图示，可以拖曳移动渐变条起点的位置，拖曳终点更改渐变色条的长度，拖曳中间色块，可以调整颜色之间的过渡位置（如图5-8）。

图5-8　手动线性渐变参数及效果

（2）手动径向渐变

选择渐变工具，在渐变面板中选择径向渐变，用工具点击图形施加径向渐变，在图形上会显示径向渐变图示（如图5-9）。

① 调整渐变滑块：圆点一端为起点，方块一端为终点，拖曳终点可以调整渐变条的长度，鼠标放在渐变条上，可以移动它，单击渐变条，可以加一个颜色，再双击颜色滑块，就可以改颜色。

② 改变焦点位置：如果拖动起点位置，是整个渐变条在移动；如果拖动焦点，那就是渐变的一种变化；也可以用鼠标在某个位置单击一下，焦点就处于单击点的位置。

③ 调整圆度：外边的虚线圈可以调整圆度，可以将内部的颜色压扁，调整成彗星的形状、颜色效果。

④ 旋转渐变效果：将光标放在终点的外侧或虚线上，会变成旋转图标，可以旋转渐变效果。

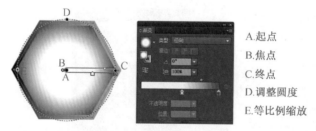

A.起点
B.焦点
C.终点
D.调整圆度
E.等比例缩放

图5-9　手动镜像渐变参数及效果

（3）对多个物体做整体渐变（如图5-10）

对多个物体进行整体渐变，不能用渐变面板来完成，用面板就是各自渐变，但是移动了物体之后，渐变并不改变。如何解决这个问题？方法是：

将所有物体做复合路径，执行【对象】菜单 | 【复合路径】| 【建立】命令，然后再做渐变，利用组选择工具（白箭头），拖曳物体进行移动，这样物体动了，但是渐变还是保持原来的状态。

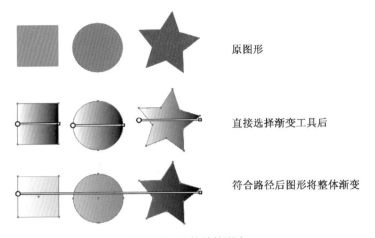

原图形

直接选择渐变工具后

符合路径后图形将整体渐变

图 5-10   物体整体渐变

实训案例 15   卡通风景画的绘制

图 5-11   卡通风景画效果图

在 Illustrator 中，图案的绘制与填色是非常重要的，大部分用 Illustrator 创作的作品，需要首先绘制图案，然后对图案进行相应的填色，逐步完成作品设计。

本实例的训练目的，在于让读者掌握基本绘图工具的使用方法，通过对基本图形的绘制和简单的单色填充来展现画面效果。

1．工具应用分析

（1）应用"矩形工具""钢笔工具"和"椭圆工具"绘制简单的基本图形。

（2）通过"变形工具"对所绘制的基本图形进行变形处理，应用"路径查找器"中的图形处理功能对图形进行组合，用"钢笔工具"绘制风景画中水波图案。

（3）对绘制完成的图形进行简单的单色填充和渐变填充，适当调整部分基本图形的不透明度。

（4）置入所需的"云朵"图形，并调整图形的位置和大小。

2．制作步骤解析

① 执行"新建文档"命令，打开"新建文档"对话框，在"大小"下拉列表中选择"800×600"选项，单位为"毫米"，将图形文件命名为"风景画"，然后单击"确定"按钮。

② 选择"规形工具"绘制一个矩形，填充（C25、M0、Y0、K0）到（C100、M50、Y0、K0）的线性渐变（如图5-11）。

③ 选择"椭圆工具"，按住"Shift"键的同时拖动鼠标，绘制一个圆形，设置其填充色为白色，无描边色，在"透明度"面板中调整其不透明度为10%。

图5-11　背景的渐变面板参数

④ 用同样的方法绘制另外3个圆形，按从大到小的顺序分别将圆形填充为白色，（C0、M0、Y25、K0）和（C0、M0、Y50、K0）的颜色，然后按同样顺序分别设置相应的不透明度，不透明度设置分别为25%、35%和50%，并将它们依次放置在上一步绘制的圆形上，如下图所示。

⑤ 绘制一个圆形，为其填充（C0、M10、Y100、K0）到（C0、M60、Y100、K0）的线性渐变，然后将其移动到下图所示的位置（如图5-12）。

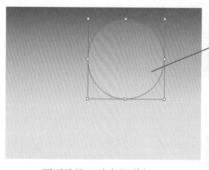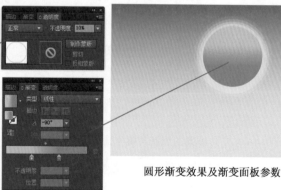

圆形效果及不透明面板　　　　　　　　　　　　　　圆形渐变效果及渐变面板参数

图5-12　太阳效果及面板参数

⑥ 用"矩形工具"绘制一个矩形，填充色为（C50、M100、Y0、K0）。选择"删除锚点工具"，在矩形左上角的锚点上单击，删除该锚点，然后利用"变形工具"对其进行变形。

⑦ 复制上一步完成的图形，调整复制图形大小并修改其填充色，然后按由小到大的顺序，分别为其填充（C50、M100、Y0、K0）、（C38、M75、Y0、K0）、（C25、M50、Y0、K0）和（C13、M25、Y0、K0）的颜色，效果如下图所示（如图5-13）。

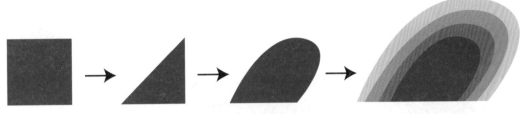

图5-13　绘制图形效果

⑧ 按照前文绘制山的图形的方法，绘制出其余山的图形，放置在下图所示的位置。读者也可以根据自己的喜好来调整图形层次之间的色彩（如图5-14）。

⑨ 用"钢笔工具"勾画出下图所示的图形，为其填充（C100、M65、Y0、K0）的颜色，然后去掉图形的边框，作为风景画中水波的基础图形。

⑩ 参考前面绘制水波图形的方法，绘制出其余水波的形状，并按由小到大顺序，依次填充（C25、M0、Y0、K0）、（C50、M0、Y0、K0）和（C75、M38、Y0、K0）的颜色，无描边，然后对绘制完成的水波图形进行大小的调整，放置在下图所示的位置（如图5-15）。

图5-14　完成效果预览

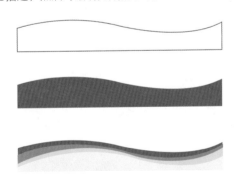

图5-15　绘制水波图形及效果

⑪ 选择"椭圆工具"，按住"Shift"键的同时在工作区中拖动鼠标，绘制三个圆形，并为它们填充（C50、M0、Y100、K20）的颜色，然后将它们部分重叠并同时选中。执行"窗口"→"路径查找器"命令，打开"路径查找器"面板，单击"形状模式"中的"与形状区域相加"按钮，然后单击"扩展"按钮，将这三个圆形结合成一个图形（如图5-16）。

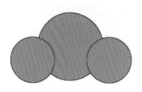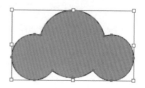

图5-16 应用"路径查找器"面板

⑫ 用"矩形工具"绘制一个矩形，放置在上一步绘制的图形之上，单击"路径查找器"面板中的"与形状区域相减"按钮，再单击"扩展"按钮，对该图形进行修剪，得到下图所示的效果（如图5-17）。

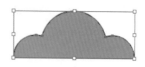

图5-17 应用"路径查找器"面板

⑬ 以相同的方法绘制出其余的树叶图形，并填充不同程度的色彩。选取"钢笔工具"勾画出树干的形状，将得到的树叶和树干图形进行组合。

⑭ 用"钢笔工具"在树叶上绘制简单的路径，作为树叶的修饰图案，填充（C100、M0、Y100、K0）的颜色，无描边（如图5-18）。

⑮ 按照相同方法绘制出其他树的造型，放置在下图所示的位置（如图5-19）。

图5-18 绘制树叶、树干、调整位置进行整合　　　图5-19 完成效果预览

⑯ 选择"椭圆工具"绘制大小不同的圆形，作为太阳周围修饰的光点图案，适当调整各个圆形的不透明度（如图5-20）。

⑰ 绘制云朵图形，描边为白色，填充无色，然后通过对云朵图形复制镜像的方法，复制多个云朵图形效果，并分别调整所复制图形的大小，然后放置在作品合适的位置（如图5-21）。

⑱ 将图形进行保存。

Illustrator 基础与实例

图 5-20 　绘制光点图案

图 5-21 　绘制云朵图案

第 3 节　图案的填充

与填充颜色的普通方法相同，可将色板中自带的图案填充到图形中，也可在色板下拉菜单中，调用软件自带图案库中的图案去填充。

1. 定义图案

当 AI 自带的因素不能满足设计所需时，就需要自己定义图案，完成设计定义图案的操作方法如下：

（1）绘制一个矩形，分别填充黑色和白色 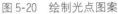 。

（2）【对象】菜单｜【图案】｜【建立】，将弹出一个警告对话框，新图案已添加到"色板"面板中，再弹出图案选项面板，在对话框内设置图案的参数（如图 5-22）。

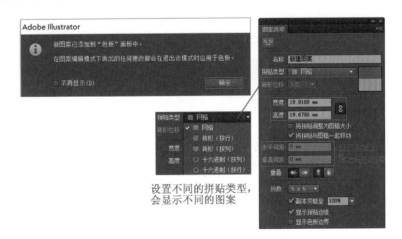

图 5-22 　图案面板参数

（3）可以调整各项参数，点击隔离模式标题上方的完成，或者另存为副本，即可将图案存到色板中；再次双击色块，就可以调出图案选项面板参数进行编辑。

2. 填充图案的修改方法（如图5-23）

（1）调整图案的纹理的疏密，也就是图案的缩放。

选中填充图案的图形，按住键盘上的"～"键，配合缩放工具，能够缩放图案。

（2）调整图案的旋转方向。

选中填充图案的图形，按住键盘上的"～"键，配合旋转工具，能够旋转图案。

 绘制基本图案

		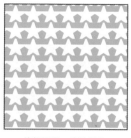	
利用图案填充图形	编辑图案－旋转图案	编辑图案－缩放图案	编辑图案－旋转、缩放图案

图5-23　图案的编辑

实训案例16　立体盒子图案的填充

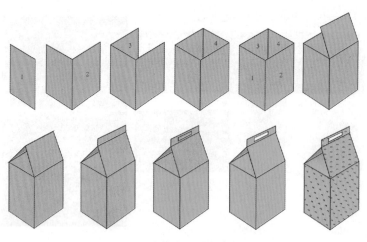

图5-24　立体盒子图案填充效果

1．工具应用分析

① 矩形工具的应用；

② 自由变换功能的应用——扭曲和倾斜；

③ 通过直接选择工具对点的控制，来调整盒子的外形；

④ 路径查找器的应用——差集；

⑤ 图形图案的填充和编辑方法。

2．操作步骤分析

① 绘制矩形，尺寸按盒子的尺寸大小建立即可。

② 调整矩形的倾斜角度。

方法一：利用自由变换工具，配合【Ctrl+Shift】键，对矩形进行倾斜的调整，再配合【Ctrl】键，对矩形进行扭曲的调整，使矩形有透视关系。

方法二：利用直接选择工具（白箭头）对点进行调整，从而调整盒子的方向和透视关系，此种方法，需要有很强的绘画基础和透视基础。

③ 盒子上边手扣部分，运用路径查找器中的"差集"运算来完成。

④ 填充图案部分：选择矩形，在色板面板中，打开【色板库】菜单｜【图案】｜【自然】｜【叶子】，选择"三花瓣"图案进行填充。

⑤ 编辑图案：将盒子的面填上图案，然后调整图案的纹理的疏密和旋转方向。按住键盘上的～键，配合缩放工具，能够缩放图案；配合旋转工具，能够旋转图案。

⑥ 调整盒子图案的明暗。【编辑】菜单｜【编辑颜色】｜【调整颜色】命令，预览勾选，调整黑色多一点，图案就变暗了。

第4节　渐变网格填充

1．选择对象或节点添加网格

方法一：运用网格工具【🔏】，快捷键【U】

操作步骤：绘制一个矩形，填充颜色。选择网格工具，在矩形内点击即可添加一个网格，网格颜色是前景色。要想更改点的颜色，可双击选择工具箱中的前景色，弹出拾色器对话框，更改颜色即可。再次点击，添加的网格颜色，以上一次设置过的颜色进行添加。要想不受前景色影响，在添加网格的同时按【Shift】键。按【Alt】键在图形中点击可以删除网格线。

方法二：利用【对象】菜单｜【创建渐变网格】命令

操作步骤：①绘制一个矩形，填充任意一种颜色。②执行【对象】菜单｜【创建渐变网格】命令，弹出对话框，设置网格的行数和列数、外观方式、高光等参数，建立完成后的网格，可以通过直接选择工具（白箭头）选择点，更改颜色，来更改图形复杂的颜色（如图5-25）。

 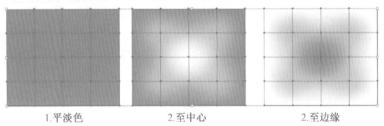

1.平淡色　　　　2.至中心　　　　2.至边缘

图5-25　创建渐变网格面板及效果

这种方法除了针对矢量图形进行网格填充之外，还可以针对位图添加网格，利用这种方法可以将位图制作成马赛克效果。

知识巩固实例：制作位图的马赛克效果

（1）利用创建渐变网格制作位图的马赛克效果（如图5-26）

将位图创建渐变网格后，得到的图像是类似于高斯模糊的图像效果，行数列数值越小，越模糊

图5-26　创建渐变网格面板参数及效果

①置入一张位图，执行【嵌入】命令。注意：直接利用网格工具不能给位图做网格。

②可以利用选择【对象】菜单｜【创建渐变网格】命令，将参数设置为4行4列，外观设置平淡，点击【确定】后，图像变模糊，类似于高斯模糊的效果。

③要想让图像清晰度高些，可将行和列的数值放大50，就得到类似于马赛克的效果。

（2）利用【创建对象马赛克】功能（如图5-27）

 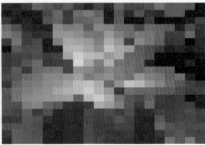 

图5-27　创建对象马赛克参数及效果

① 置入一张位图，将位图嵌入到文件中。

② 选择【对象】菜单|【创建对象马赛克】|设置宽度，高度；拼贴间距，拼贴数量等参数。

这种马赛克没有模糊效果，是一个完全矢量的效果，可以取消编组。取消编组后，每个色块都独立，可以单独编辑。在一张图片中这些色块是比较协调的，因此，可以利用这些色块拖曳到色板中，制作色板。

2．通过渐变扩展的方式建立网格。

这种方式只针对填充渐变颜色的图形。

操作方法：

① 绘制一个矩形，填充渐变颜色；

② 执行【对象】菜单|【扩展】命令，弹出扩展对话框，勾选建立网格参数，点击确定后即可建立网格。

第 5 节　外观面板的应用

1．利用【外观】面板填充颜色

对图形填充颜色和描边，可以采用控制栏、工具箱及颜色面板等功能组合来达到操作效果。除此之外，也可以利用外观面板来完成填充和描边，这种方法操作简单、方便，可以制作多层勾边效果。这种方法的优点是不仅可以对图形填色和描边，还可以对字体填色和描边，解决了用其他方法制作勾边字比较烦琐的问题。它还可以对图形和字体进行多重填色和描边。

2．外观面板实训案例：渐变字的制作

方法一：利用渐变工具拖曳完成

① 输入文字"春暖花开"（如图 5-28 中的图①）。

② 选择文字，更改一种渐变，但是没有变化。

③ 选择文字，【Ctrl+Shift+O】创建轮廓，选择渐变工具在字体上点击，或者直接在渐变面板或色板中选择渐变色，就可以将文字填充渐变颜色，但特点是每一个字都是单独的渐变（如图②）。

④ 要想使文字整体是一个渐变，可以利用渐变工具在文字上进行拖曳（如图③）。

缺点：因为字体进行了创建轮廓，因此无法更改字体属性。

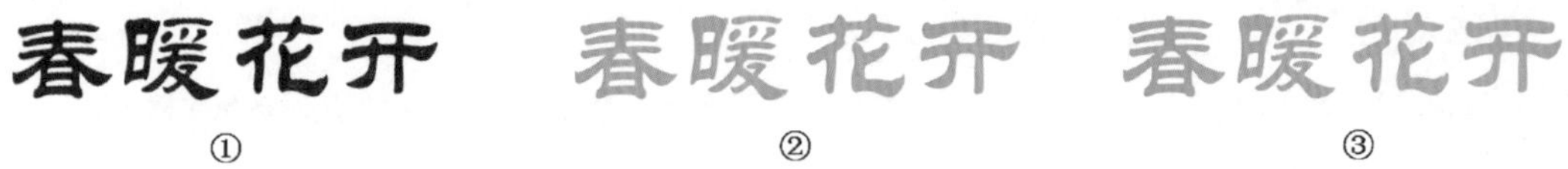

春暖花开　　春暖花开　　春暖花开

①　　　　　　　　②　　　　　　　③

图 5-28　渐变字的制作过程

方法二：变通的方法做渐变字——利用【外观】面板制作渐变字、勾边字

① 输入文字"春暖花开"。

② 利用【外观】面板来做渐变字，执行【窗口】菜单 | 【外观】命令；快捷键【Shift +F6】（如图 5-29）。

③ 将字体添加填充：选择字体，点击"添加新填充"按钮，在【外观】面板中会出现填充参数，点击"色块"出现【色板】面板，更改单一颜色、渐变色或图案等，这

图 5-29　【外观】面板按钮功能

种填充方法填充的渐变色，是将字体按照整体进行渐变。以这种方式填充的效果，可以对字体和大小等基本属性进行更改。类似于 Photoshop 中的颜色叠加、渐变叠加功能。

④ 将字体添加描边：选择字体，点击"添加新描边"按钮，在【外观】面板中出现描边参数，粗细改为 1，再点击"添加新描边"按钮，粗细改为 3，再点击"添加新描边"按钮，粗细改为 5，并将粗细值大的描边放在下边，粗细值小的放在上边，这样所有设置的边都能显示（如图 5-30）。

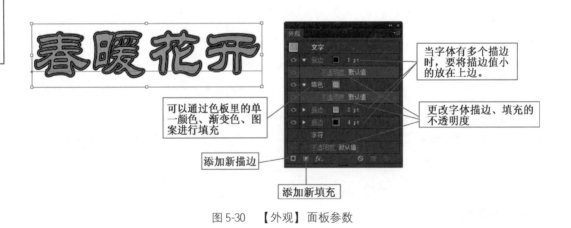

图 5-30　【外观】面板参数

注意：① 要选中物体之后再调整，否则调整参数没有反应。

② 描边与填充层应该调整到字符层的上方，否则，填充与描边效果不显示。

③ 描边默认是居中设置的，设置 4pt，实际上显示的是 2pt。

Illustrator 基础与实例

第 6 节　轮廓化描边

　　轮廓化描边的功能可以将物体的轮廓进行多种方式的上色处理，也可以像图形一样对轮廓进行单色、渐变、图案的填充。但无论哪个版本，如果要想实现多个对象轮廓渐变效果的统一，就必须进行轮廓化描边。

　　轮廓化描边优点主要有两点：一是对象大小调整时，粗细比例也跟着变化；二是填充的种类多样化。

1. 举例分析

　　① 绘制一个圆形，填充白色，描边 =蓝色，粗细 =20pt。

　　② 按住【Alt】键拖曳，将图形复制一个，按住【Shift】键，等比例缩小，这时会发现图形边的粗细并没有发生变化，而是大小的比例变化了。

　　③ 给缩放后小的图形填充一个图案。打开变换面板，面板下拉菜单中有 "变换两者"；再去拖曳这个图形，结果发现图案变化了，描边还是没有变化。

　　④ 如果想让描边和填充一起变化，解决的方法是：

　　在右侧下拉菜单中，选择 "缩放描边和效果"。再对它进行缩放，这时边和图案都等比例缩放了。此种方法特别适合制作 "VI 手册" 时，调整标志大小的变化。

　　⑤ 如果勾选 "缩放描边和效果"，再勾选 "仅变换对象"，此时图案不变，描边变。

2. 解决上述问题的方法 1——采用轮廓化描边（如图 5-31）

　　矢量物体由填充和边框组成，轮廓化描边的作用，就是把物体的边框独立成一个新的填充物体。其方法是：选中图形，执行【对象】菜单|【路径】|【轮廓化描边】命令。

　　① 如果图形既有填充又有描边，则执行命令后，图形的填充效果和描边效果被分离，但是成组状态，可通过 "取消成组" 功能将填充和描边效果彻底独立。此时，图形的描边 "边框" 独立成新的一个填充物体。

图 5-31　轮廓化描边将图形分离

② 如果绘制一个无填充，黑色边框的圆形，给个边框粗细，轮廓化后，就成为了一个填充的圆环。其他无填充图形同理。

3. 解决上述问题的方法2——扩展（如图5-32）

① 选中带有填充和描边的图形，执行【对象】菜单｜【扩展】命令。

② 使分离出来的轮廓变成一种填充效果，也可以将轮廓改为渐变填充形式，并且在渐变编辑器中改各种填充效果。

图5-32 利用扩展分离对象

第7节 实时上色组

实时上色组的目的是将全部的路径视为在同一平面上，路径将绘画平面分割成几个区域，可以对其中的任何区域进行着色，从而达到灵活绘制图形的数量。在 AI 中要想将图形进行分割并单独填色，有两种方法，一是利用形状生成工具；二是利用实时上色组功能。

1. 方法一：利用形状生成工具（如图5-33）

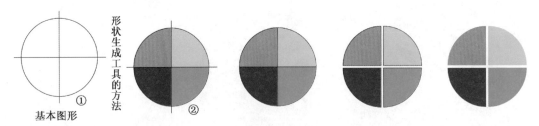

图5-33 形状生成工具的应用效果

① 先画一个圆，白色填充，黑色轮廓，再绘制水平、垂直两条线，将圆形与两条直线全部选中，在

变换命令面板中，水平、垂直居中对齐，使两条直线将圆形平均分成四份。

② 将所有的图形全部选中，利用形状生成工具 ，选择不同的颜色去点击被分割的四块，即将四块填充不同的颜色。

特点：利用形状生成工具绘制的图形，可以对每一块填充颜色，但是不能更改每块的大小。

2. 方法二：利用实时上色组（如图5-34）

（1）实时上色组有两种建立方法，首先将图形全部选择。

方法一：选择实时上色组工具，在图形内点击，建立实时上色组。

方法二：【对象】菜单｜【实时上色】｜【建立】命令。

（2）实时上色组填色方法：建立实时上色组后，利用实时上色组工具，更换颜色直接点击填充每一块的颜色。注意：要先在控制栏或色板中调整颜色，再去图中点击。

实时上色组方法的特点是：利用白箭头组选择工具，选择任意一根线条移动，会发现颜色随着调整。

（3）调整每一块的比例的大小的方法：

① 对称图形调整方法：利用组选择工具选择直线，再选择旋转工具，进行拖动旋转一定的角度，这时可得到对称的图形效果。

② 任意图形的调整方法：

分别选中两条直线，利用钢笔工具或加点工具，在两条直线相交的位置各加一个点，再利用组选择工具选中加的点，选择属性栏中的剪刀工具将点剪断，这样就将一条直线分割成了两段，使两条直线都断开，形成四条直线。

利用四条直线任意调整图块的大小，选白箭头为当前状态，选择想要调整的图块边上的线段，选择旋转工具，并将旋转中心调整到圆形的中心点上，拖曳直线旋转，这时可以随意地调整每一块的大小。这样做扇形非常方便。

③ 删除扇形的线：将整个图形全部选中，执行【对象】菜单｜【实时上色】｜【扩展】功能，然后再取消编组，就可以将图形和最初作为分割线的线条分离，选中直线段删除即可，两边的颜色重合。注意：扩展后的图形取消编组后，每一个图形都是独立的。

④ 增加扇形的线：先绘制需要增加的扇形的线，这时不能马上生效。需要全部选择物体，选择【对象】菜单｜【实时上色】｜【合并】命令，将后加进来的线条与原线条合并。再利用实时上色工具，选择颜色，点击填充。

⑤ 释放实时上色：选中所有物体，执行【对象】菜单｜【实时上色】｜【释放】命令，即可将图形的颜色恢复到最初没有填充颜色的状态，可根据上述方法重新编辑填色。

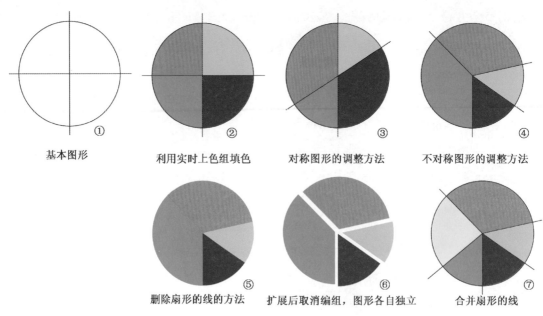

① 基本图形　② 利用实时上色组填色　③ 对称图形的调整方法　④ 不对称图形的调整方法

⑤ 删除扇形的线的方法　⑥ 扩展后取消编组，图形各自独立　⑦ 合并扇形的线

图 5-34　实时上色组功能分析图

第 8 节　吸管工具对颜色的控制

双击吸管工具，或使用快捷键【I】，可以调出吸管选项，可设置吸管的挑选和应用。例如，只勾选粗细，那吸管吸取的就只有粗细，没有颜色等其他的属性。默认状态下，全部处于勾选状态。

1. 在未选中对象的状态下

（1）直接用吸管点击某个对象可以同时拾取该对象的填充与轮廓作为工具面板的填充与轮廓状态色，这里的填充不只是单色的，也可以是渐变或图案的填充。

（2）如果按住【Shift】键，再用吸管点击某个对象，那么拾取的只是取样点的颜色，并不是同时拾取填充与轮廓，而且当状态为填充取色时拾取的就是填充色，当状态为描边取色时，拾取的就是轮廓色。

（3）按住【Alt】键，用吸管工具点击对象可以将当前工具箱里的填充色与轮廓色填充到该对象。

2. 在选中对象的状态下

直接用吸管点击另一个对象，即可实现填充与轮廓的同时复制。

如果按住【Shift】，再用吸管工具，则要看工具面板的状态。如果是填充色状态就是复制点击点的颜色到原对象的填充色，如果是轮廓色状态就是复制点击点的颜色到原对象的轮廓色。

实训案例 17　标志的制作

参考宝马标志的外形进行制作。

1. 工具应用分析

① 圆形的绘制方法；

② 实时上色工具的应用；

③ 路径文字的应用。

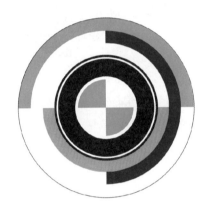

图 5-35　标志的效果图

2. 操作步骤分析

① 绘制圆形，再用直线工具绘制水平和垂直直线分别交于圆形的四个象限点，如图 5-36 中的图①。

② 将圆形和两条直线分别选中，选择实时上色工具，更改填充色为蓝色与白色，在图形中点击选中需要填充的部分，如图②。

③ 利用圆形工具绘制一个比图①中的圆形大一点的圆，填充色为白色，轮廓色为黑色，如图③。

④ 选中图③中的圆形，利用粘贴到底面的方法原地复制【Ctrl+C】【Ctrl+B】，按住【Alt+Shift】键等比例放大到合适位置，如图④。并将其填充为黑色，如图⑤。

⑤ 将图⑤中的大圆利用粘贴到底面的方法原地复制【Ctrl+C】【Ctrl+B】，按住【Alt+Shift】键等比例放大到合适位置，并将填充色改为白色，轮廓色改为黑色，如图⑥。

⑥ 同样方法再复制一个大圆，如图⑦，并在大圆的象限点处绘制直线。

⑦ 将大圆与直线全部选中，再选择实时上色工具，更改填充色为黄色；用鼠标点击需要填充黄色的区域，更改填充色为白色，用鼠标点击需要填充的白色区域，去掉轮廓色，如图⑧。

⑧ 同样的方法，绘制其他的图形。

⑨ 最后绘制一个与外边界相同的同心大圆，去掉填充色，轮廓色为黑色。描边粗细根据实际情况设置。

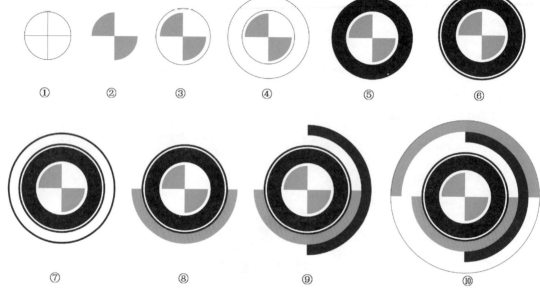

图 5-36　标志制作的操作步骤分析

第6章 画笔和效果

学习目标：

① 了解 AI 外观的种类；

② 系统样式与自定义样式；

③ 基础样式；

④ 画笔样式；

⑤ 斑点画笔工具的使用方法和技巧；

⑥ 铅笔工具组；

⑦ 了解 AI 特效；

⑧ 符号工具组的应用；

⑨ 液化工具组的应用。

第 1 节 AI 外观的种类

AI 曲线（路径）的样式有描边、画笔和效果，针对不同的样式，操作的技法也不同（如表 6-1）。

表 6-1 AI 曲线（路径）的样式对比

AI 曲线（路径）的样式	设置方法	扩展分离的方法	清除的方法	
描边	【描边】面板中设置；快捷键【Ctrl+F5】；【外观】面板中设置	【对象】菜单｜【扩展】	属性栏轮廓色中设置无色描边	利用外观面板中 ⃠ 图标清除外观；或者选择外观面板下拉菜单中的清除外观
画笔	【画笔】面板中设置；快捷键【F5】	【对象】菜单｜【扩展外观】	画笔面板下拉菜单中移去画笔描边	注意：曲线的样式还在，还可以继续给曲线添加其他样式。
效果	【效果】菜单或【外观】面板中设置；快捷键【Shift+F6】	【对象】菜单｜【扩展外观】		

1．利用外观面板：【窗口】菜单｜【外观】面板；快捷键【Shift＋F6】（如图6-1）

2．扩展外观的操作技巧（扩展与扩展外观的区别）

（1）利用钢笔工具画一根不规则的线条。

（2）选择【效果】菜单｜【扭曲和变换】命令｜【波纹效果】或者通过【外观】面板中的效果按钮 *fx.* 来实现波纹效果，调整参数看效果。

（3）这种方法的特点

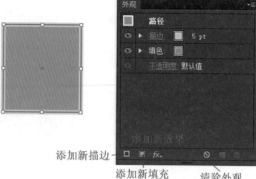

图6-1　外观面板

① 波纹曲线效果就是它的外观，原来的不规则的线条就是它的路径。

② 这种效果类似于 PS 中的图层样式，相当于曲线的这种效果强加给了路径。

③ 其实本身是路径，显示的是曲线效果。

④ 打开外观面板，除了显示填充颜色和描边外，还有波纹效果。双击波纹效果还可以对其参数进行更改。

（4）要想确定当前的曲线，去除原来的不规则的线条，就要用到扩展外观，操作方法如下：

①【对象】菜单｜【扩展外观】来实现图形的扩展分离，但分离的图形是一个成组状态。

②【对象】菜单｜【解散群组】，即可把成组的图形效果分解成独立体，它同样具备填充和描边的特性。

注意：描边效果，只能通过【扩展】来分离。

第2节　系统样式与自定义样式

1．系统样式

系统样式收集在【样式】面板里，是 AI 软件自带的效果。可利用【样式】面板设置/修改/清除系统样式。样式面板快捷方式：【Shift＋F5】。

操作技巧：

（1）利用钢笔工具绘制一条曲线，打开【窗口】菜单｜【图形样式】面板（如图6-2）。

图6-2　图形样式面板

（2）面板中默认没有多少图形效果，想要更多的图形效果，可以在面板下拉菜单中打开图形样式库，选择需要的图形样式即可（如图6-3）。

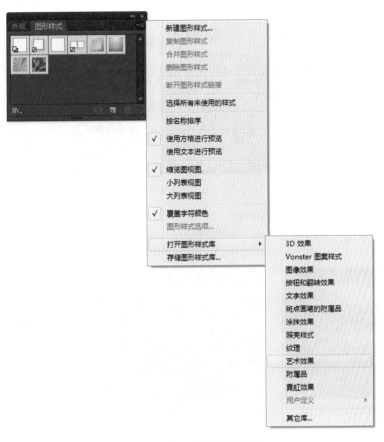

图6-3　打开图形样式菜单

（3）清除图形样式：点击外观面板下边的清除按钮，即可清除图形样式。

（4）图形样式的类型（如图6-4）

图6-4　图形样式类型

：白底黑边的效果，也就得到了一个清除的作用。

：无底无边投影效果。

：圆角无底无边效果。

2. 自定义样式

自定义样式是指根据实际需要，定义设置图形样式效果，可以保存到样式面板里，可以自定义描边、画笔、效果等样式并存入样式库。

（1）自定义样式的方法（如图6-5）

① 创建图形，并点击图形样式面板中的新建图形样式，或者选中图形直接拖曳到图形样式面板中创

建图形样式。

② 将创建的图形样式应用到星形或其他图形中。

创建图形 　　　　　　　　　　　　　　　　　　　　　　　　　波纹效果参数

① 基本图形为圆形，利用外观面板将填充色设置为黄色，描边色设置为蓝色，粗细=7pt；
② 再增加描边，颜色设置为粉红色，粗细=4pt；
③ 再增加描边，颜色设置为柠檬黄色，粗细=2 pt；并将当前描边添加波纹效果，【效果】
菜单下的【扭曲和变换】命令下的波纹效果子命令，参数如图。

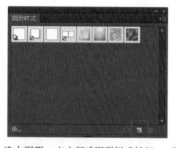  

①选中图形，点击新建图形样式按钮　③创建后，图形样式即可显示在图形样式面板　④将创建的图形样式应用到星形
　创建图形样式；　　　　　　　　　　中，可对创建的其他图形进行样式的编辑。
②直接拖曳创建的图形到图形面板中。

图 6-5 自定义图形样式操作步骤及参数

（2）查看图形样式：可选中图形，打开外观面板查看，在外观面板中将显示详细的步骤。

建议：多看系统样式中的图形样式有助于提高自己的设计思路。

第 3 节   基础样式——描边和填充样式

1. 描边样式——多重描边效果 （如图 6-6）

（1）先绘制一个椭圆，填充绿色，描边黄色。

（2）打开外观面板，点击面板左下角的描边按钮，可以继续描边，设置描边的颜色和粗细，调整描边的顺序。

（3）再点击左下角的描边按钮，可以再继续多次描边，设置描边的颜色和粗细，调整描边的顺序。

注意：粗的描边放在底层，细的描边放在顶层。

图 6-6　多重描边效果

2．宽度工具 ✍ 的应用（如图 6-7）

（1）将上边的图形的描边更改宽度。

（2）选择宽度工具，在外观面板中，选择对应的描边层，利用拖曳的形式来调整宽度。

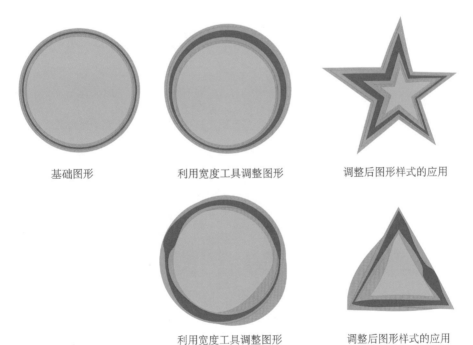

　　基础图形　　　　　　利用宽度工具调整图形　　　　调整后图形样式的应用

利用宽度工具调整图形　　　　调整后图形样式的应用

图 6-7　宽度工具调整图形效果

3．多重填色及透明度（如图 6-8）

多重填色与多重描边设置方法有些相似。

① 同上方法绘制图形。

② 打开外观面板，点击左下角的填充按钮和描边按钮，将源图形添加多重填充和描边效果，设置合适的描边粗细，并调整填充的顺序。

③ 更改填充和描边的不透明度和混合模式。

④ 将它存储到图形样式中，进行应用。

图 6-8　多重填色及不透明度效果

第 4 节　画笔样式——【画笔控制】面板的使用

1. 书法画笔

（1）使用快捷键【F5】打开【画笔】面板，点击新建画笔按钮，弹出新建画笔对话框，选择【书法画笔】类型，确定（如图6-9）。

（2）弹出【书法画笔】选项，在选项中设置参数，确定即可新建一个书法画笔，将其存储到【画笔】面板中。

角度：可更改书法笔头的旋转角度，面板笔头图标中，箭头的方向为正方向，当圆度较小，呈椭圆形笔头时，方向比较明显。

圆度：可更改笔头的圆形程度，圆度比较小时，会形成椭圆，椭圆的方向和路径接近，线条就比较细。值越大越接近圆形，值越小，椭圆形的短轴越短。

大小：可更改笔头的大小。

还可以设置固定/随机、变量等参数。

（3）确定后，也可以双击这个笔头调出属性面板，再次更改参数。但是在书法画笔中不能设置笔头的间距，需要到散点画笔中设置。

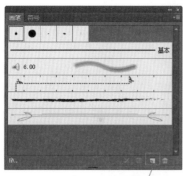

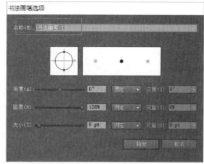

新建画笔按钮

图 6-9

利用书法画笔可以绘制图形或写一些书法字体（如图 6-10）。

图 6-10　书法画笔绘制图形效果

2.　散点画笔（如图 6-11）

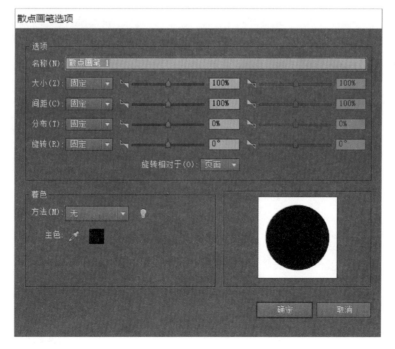

图 6-11　散点画笔对话框

散点画笔比较有使用的价值，经常用于制作背景效果。

制作由点排列的线条，有两种方法：① 利用描边的方法；② 利用散点画笔的方法。

（1）利用描边的方法制作点排列线条

① 绘制一条路径，打开【描边】面板，设置虚线，虚线=0，间距=10；端点=圆头，效果就是点线。如果线的粗细等于间隙的值，点与点相接；如果线的粗细小于间隙的值，点和点之间没有距离，并有相交；如果线的粗细大于间隙的值，点和点之间有距离，距离值是两个值的差（如图6-12）。

② 这种方法绘制的点线的特点是按照设置的参数排列的，不能进行点的分散。

粗细=12　间隙=12

粗细=6　间隙=12

粗细=16　间隙=12

图6-12　点线的绘制

（2）利用散点画笔来制作由点排列的线条

① 先绘制一个小圆点，填充黑色，打开画笔面板。

② 将小圆点拖曳到【画笔】面板中，会出现提示框，建立散点画笔即可，确定后在面板中将出现刚定义的散点画笔。

③ 利用画笔工具画一下线条，这个线条就是由无数的点构成。可以更改点的属性，双击散点画笔的笔头即可调出它的对话框属性，可进行大小、间距、分布、旋转的参数设置（如图6-13）。

注意：画笔实际上是一种外观，原来的路径还在，如果不想要原来的路径了，只能是扩展外观。

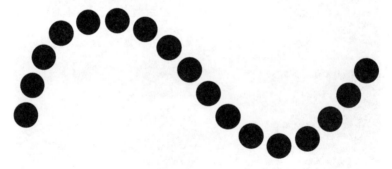

图6-13　散点画笔效果

（3）如何区别面板中的画笔类型

选择【画笔】面板右侧下拉菜单｜显示各种画笔类型，打钩则是在面板中显示，去掉则不显示（如图6-14）。

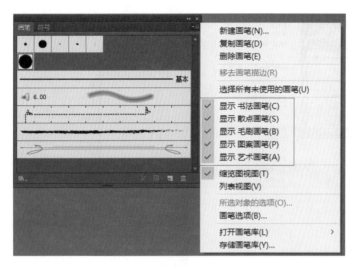

图 6-14　画笔面板下拉菜单

（4）调用软件中已有的散点类型

【画笔】面板中右侧下拉菜单｜打开画笔库｜装饰｜装饰散点，即可打开很多的散点类型的画笔。可以绘制一条路径，直接选择散点类型的画笔。

注意：画笔不允许动态着色。在散点面板中的着色，只是一个替换颜色的效果，不能实现动态的着色。

调整面板中的参数，预览观看效果（如图6-15）。

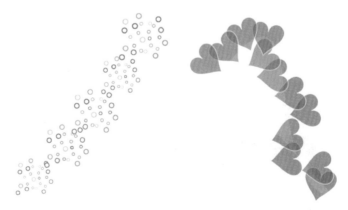

图 6-15　装饰散点效果

3. 图案画笔

（1）在画笔库中有各种边框效果，这种边框效果属于图案画笔，可以利用各种图案描边路径（如图6-16）。

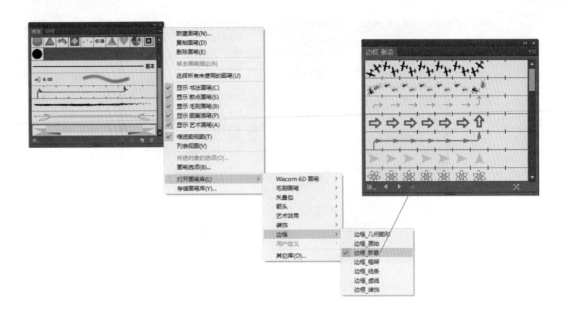

图 6-16　图案画笔的应用

（2）定义图案画笔（如图 6-17、图 6-18、图 6-19）

创建作为图案的图形

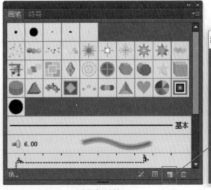

将绘制的图形单个拖曳到色板中　　　　　新建画笔　　　　　选择图案画笔

图 6-17　创建新图案

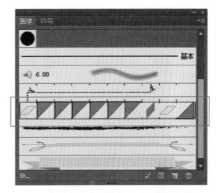

在图案画笔选项中将绘制图形选入作为图案　　　　在图案建立后将显示在画笔面板中

图6-18　图案画笔选项参数

源文字

应用自定义图案的文字
注意：在应用过程中，如果图案不符合常规，可以双击画笔面板中的图案，调整画笔的大小参数。

图6-19　新建图案的应用

4．艺术画笔

艺术画笔是画笔工具中应用比较广泛的一种画笔形式，可以做一些意想不到的特效，以供我们创意需要。

（1）创建原理

首先，要具备创建艺术画笔的图形。

其次，将图形创建成艺术画笔形式。

再次，将艺术画笔笔头应用于其他图形中，形成各种效果。

（2）绘制小草的造型

①利用多边形工具，绘制一个三角形，调整得高一点，填充绿色。

②将这个图案，拖曳到画笔面板，定义为艺术画笔，出现【艺术画笔】面板，设置向上的方向，点击确定就可以将三角形存储到【艺术画笔】面板中（如图6-20、图6-21）。

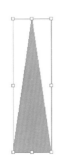
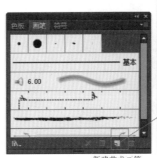

新建艺术画笔

图6-20　自定义艺术画笔

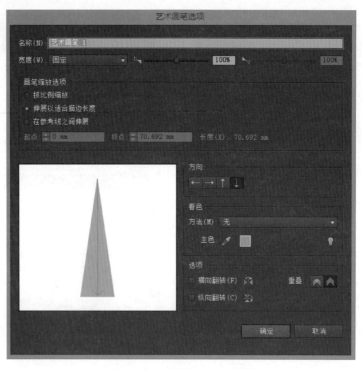

图 6-21　艺术画笔面板参数

③ 选择画笔工具，在画笔面板中选择存储的三角形艺术画笔笔头，在页面中按照储存笔头的方向绘制，即可绘制小草的造型；如果手动不好控制，可以利用钢笔工具先绘制路径，然后再到【画笔】面板中选择画笔的笔头，也能完成小草的绘制。

④ 将一组草的形状全部选中，并按住拖曳到【画笔】面板中，重新定义画笔，选择"散点画笔"类型，设置散点画笔参数，大小随机。

⑤ 选择画笔工具，在画笔面板中选择小草散点画笔笔头，拖曳绘制大量的草地造型。

步骤③—⑤如图 6-22 所示。

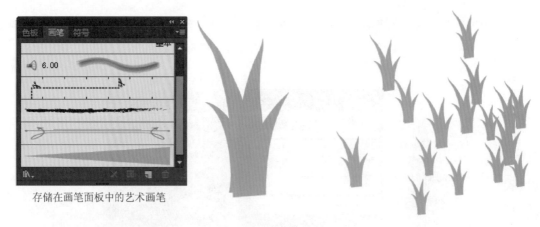

存储在画笔面板中的艺术画笔

图 6-22　小草的绘制

5．毛刷画笔（如图6-23）

（1）画笔类型的特点

① 散点画笔、图案画笔、艺术画笔是需要定义图案的，所以绘制的图形都可以去定义画笔。

② 书法画笔、毛刷画笔是系统里自带的，只能去改参数，不能定义。毛刷画笔可以认为是对艺术画笔功能的扩充。

（2）毛刷画笔的创建方法

点击画笔面板下边的新建画笔按钮，弹出新建画笔面板，选择毛刷画笔类型即可创建毛刷画笔，更改属性参数，可更改毛刷画笔的样式。

（3）毛刷画笔的特点

将绘制的毛刷画笔效果，扩展外观并解组，画笔则呈现出一个一个半透明的图形，毛刷画笔的颜色也可以由控制栏中的参数来定。

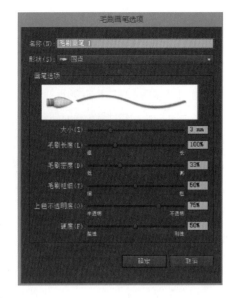

图6-23　毛刷画笔面板

实训案例18　绘制艺术铅笔造型

利用艺术画笔功能制作弯曲的铅笔、钉子和瓶子造型等，效果如图6-24所示。

① 画出3个并排的长方形，颜色随意，最好是中间颜色稍浅，两边深，这样铅笔才会有一点立体的效果（如图6-24中的图①）。

② 用添加锚点工具在中间的长方形正中间加一个锚点，然后选择刚刚加的锚点和左右矩形最左侧、最右侧的点向正上方移动，做出锯齿，按住shift键可以更精确地向正上方拖动（如图②）。

③ 在正好盖住锯齿的地方画一个长方形。同样，在这个长方形的上边框的正中间加一个描点，然后向上拖，做出笔尖形状，在不取消选中状态下，按住【Ctrl + Shift + 〔】键，将其移至最底层（如图③）。

④ 选中刚绘制的笔尖造型，【Ctrl + C】复制该形状，【Ctrl + F】将该形状粘贴至正上方，填充改成黑色制作笔尖，以笔尖为圆心画一个椭圆，选中椭圆以及下面的黑色笔尖，在路径查找器里选择交集，得到黑色铅芯形状（如图④）。

⑤ 画出下面长方形的铁皮和圆角的橡皮，填充合适的颜色，然后全部选中，【Ctrl + G】群组（如图⑤⑥）。

⑥ 把该铅笔选中，拖至画笔面板，弹出新建画笔的对话框，选择艺术画笔，点确定。

在【艺术画笔缩放】选项里，选择在参考线之间延伸，然后在面板的缩略图中将两条黑色虚线拖到笔杆的两头，这样就只有笔杆会被拉伸了（如图⑦⑧）。

⑦ 用钢笔工具画出相关的形状路径（使用 Shift 键会强制线条水平或垂直），要想让线条为有规律的圆角，可以使用【效果】菜单｜【风格化】｜【圆角】命令，为其添加圆角。

⑧ 在选中该路径的情况下，点击画笔面板里之前新建的铅笔艺术画笔，即可绘制各种以艺术画笔描边的造型（如图⑨⑩）。

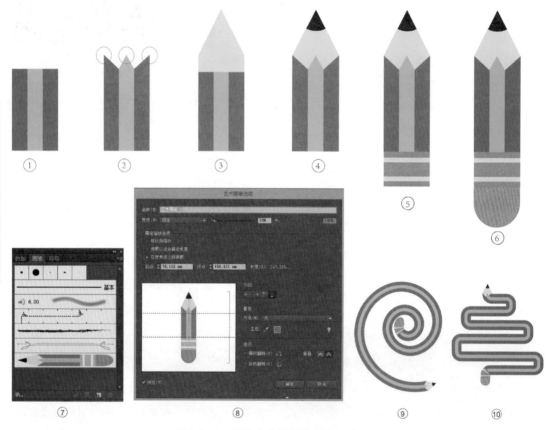

图 6-24　铅笔艺术画笔的创建及应用

第 5 节　斑点画笔工具

1.　认识斑点画笔工具

斑点画笔工具图标是 ![icon]，快捷键是【Shift + B】。

2.　斑点画笔工具和画笔工具的区别

（1）斑点画笔工具

① 使用斑点画笔工具绘制的是"填充形状"，可以与其他具有相同颜色的形状进行合并。

② 斑点画笔工具使用与画笔工具相同的默认画笔选项。

③ 要合并的路径顺序必须是相邻的，如果路径顺序相隔，此合并功能失效。

④ 斑点画笔工具创建的是填充、无描边的路径。如果希望将斑点画笔路径与现有的图形合并，必须确保有相同的填充颜色且没有描边。否则，此功能失效。

（2）画笔工具绘制的图形是只有描边，没有填充，想要更改颜色，需要更改描边的颜色，且每画一笔，线条都是独立的，不能进行合并。要想合并，需要将图形扩展后再用路径查找器中的联集进行手动合并（如图 6-25）。

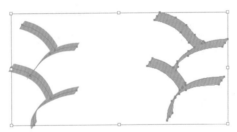

图 6-25　斑点画笔工具与画笔工具绘制的图形的区别

实训案例 19　绘制手绘纹理字体

绘制手绘纹理字体效果如图 6-26、图 6-27。

原字体　　　　　　　　　**利用斑点画笔工具沿着字体边缘手绘**
　　　　　　　　　　　　　　（注意：线条一定要有充分相交。）

图 6-26　利用斑点画笔工具将字体手绘描边效果

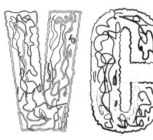 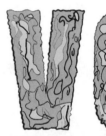

在字体的内部绘制纹理，这里的纹理　　利用实时上色工具组，将图形中每一
也要有相交，否则填充不上颜色　　　　个小的封闭区域都填充不同的颜色

图 6-27　手绘纹理字体效果

第6节　铅笔工具组

1. 钢笔、画笔、铅笔、斑点画笔四种绘图工具的异同点（如表6-2）

表6-2　四种绘图工具的异同点

工具类型	绘制效果	操作技巧
钢笔工具	描边效果	在绘制的过程中，可控性比较好
画笔工具	描边效果	要借助于画笔面板属性，设置外观
铅笔工具	描边效果	拖曳绘制，也可以调整点，只不过点在绘制的时候比较随意，比较多
斑点工具	填充效果	借助于斑点工具属性绘制，绘制方法比较随意

2. 平滑工具和路径擦除工具

（1）利用钢笔工具随意地绘制一条线。

选择平滑工具 ，调整路径上的点，可以看到路径的点变得平滑了。

双击平滑工具，可以调整平滑的参数，设置平滑度（参数如图6-28，效果如图6-29）。

（2）路径橡皮擦工具 （如图6-29）

针对的对象是路径，前提条件必须选中路径，才能

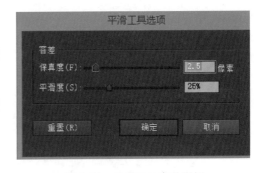

图6-28　平滑工具参数面板

擦除。擦除选中路径上需要擦除的部分，擦后路径被打断，是一个开放式的路径。

平滑工具

路径橡皮擦工具

图6-29　平滑工具与路径橡皮擦工具效果

3．橡皮擦工具、剪刀工具和刻刀（美工刀）工具

（1）橡皮擦工具，快捷键【Shift＋E】（如图6-30）

橡皮擦工具功能比较强大，任何图形都可以擦除，可以擦除图形、路径，甚至组。叠加的图形无论有多少，都可以擦除，擦后路径会按照擦除的路程，自动形成封闭的路径。

橡皮擦对单个图形擦除效果

橡皮擦对多个图形擦除效果

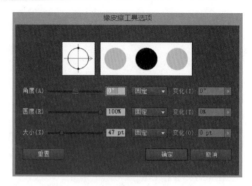
橡皮擦工具选项

图6-30　橡皮擦工具参数的应用效果

（2）剪刀工具，快捷键【C】（如图6-31）

剪刀工具可以把绘制好的路径和图形剪开。操作方式很简单，选择路径，选择剪刀工具，在路径上单击，即可在单击点处将路径打断。也可以利用直接选择工具，单击选中两个点，单击控制栏中的剪切路径按钮可以一并把两个点全部减下来。

注意1：用剪刀工具剪切成功的图形，不是闭合图形，而且剪刀工具只能剪切直线。

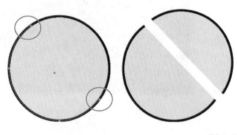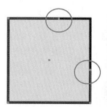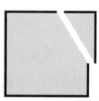

图6-31

注意2：使用剪刀工具时，对对象内部是无效的，如果在对象内容单击或者使用剪刀工具裁剪位图都是不行的，会弹出提示对话框（如图6-32）。

（3）刻刀工具（如图6-33）

如果要剪切为曲线，并且需要制作闭合的图形，则可

图6-32　剪刀工具警告对话框

以使用刻刀工具。刻刀工具是分割图形的，对开放路径是无效的，只针对封闭的路径。

圆角矩形，填充色=蓝色　　　　　在图形上用刻刀　　　　　切割后每一块都是独立体，有独立的填充和描边，
描边色=白色　　　　　　　　　　工具根据要求切割　　　　可以更改不同的填充和描边

图 6-33　刻刀工具应用效果

<h1 style="text-align:center">第 7 节　AI 效果</h1>

1. 效果变形和封套变形

在 AI 中给字体变形有两种方法：

方法一：【对象】菜单 |【封套扭曲】|【用变形建立】。可以做类似于 Photoshop 中的字体转换效果。此种方法建立的字体变形效果，需要通过【对象】菜单 |【封套扭曲】|【释放】命令来清除效果。但可以通过扩展的方法将它转换为文字图形（如图 6-34）。

　　　　原字体　　　　　　　　　　【对象】菜单 |【封套扭曲】|【用变形建立】

【对象】菜单 |【封套扭曲】|【释放】　　　　　　　　　　　　　　　　【对象】菜单 |【扩展】
　　　　　　　　　　　　　　　释放后，文字与封套分离独立　　　扩展后的文字，转换为带有路径点的图形

图 6-34　利用变形建立的方法制作字体变形效果

方法二：【效果】菜单│【变形】│相关的变形命令。此种方法可以在外观面板中清除外观，利用垃圾桶可以删除效果，但要想将字体转换为文字图形，需通过对象菜单下的扩展外观来完成（如图6-35）。

图6-35　效果菜单│变形子命令

注意：两种变形方法最终的显示效果是一样的，但是转换为文字图形的方法不同，利用封套扭曲变形效果，通过"扩展"转换，利用效果菜单下的变形功能，需要通过"扩展外观"来转换，无论采用什么样的方法转换，文字图形都将失去原有的文字属性。

2. 扭曲和变换的功能（如图6-36）

【效果】菜单│【扭曲和变化】│子菜单

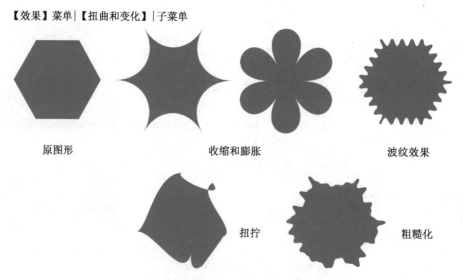

原图形　　　　　　收缩和膨胀　　　　　　波纹效果

扭拧　　　　　粗糙化

图6-36　效果菜单中扭曲和变化效果

所有扭曲和变换做完的效果都还只是一个外观，需通过"扩展外观"来转换为真正的图形效果。

Illustrator 基础与实训

3. 风格化效果（如图 6-37）

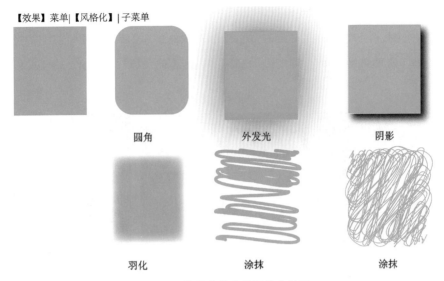

【效果】菜单|【风格化】|子菜单

圆角　　　　　外发光　　　　　阴影

羽化　　　　　涂抹　　　　　　涂抹

图 6-37　效果菜单中的风格化效果

与 Photoshop 中的效果有些相似，都是非常实用的。

（1）圆角效果

① 绘制一个矩形，填充一种颜色。

②【效果】菜单|【风格化】|【圆角】命令，设置一个圆角参数，可以在外观面板中更改角度。

③ 通过扩展外观，使其变成真正的圆角矩形。

（2）发光效果

① 矩形同上。

②【效果】菜单|【风格化】|【外发光】命令，设置外发光参数，还可以设置多种混合方式。

③【对象】菜单|【扩展外观】。

④ 取消群组。

（3）投影的效果

① 矩形同上。

②【效果】菜单|【风格化】|【投影】命令。设置参数。

（4）羽化效果

① 矩形同上。

②【效果】菜单|【风格化】|【羽化】命令。

③【对象】菜单|【扩展外观】。

④ 取消群组，实际上是一个蒙版效果。

（5）涂抹效果

① 继续做上边的矩形。

②【效果】菜单 | 【风格化】 | 【涂抹】命令，参数可以设置涂抹类型。

4．PS 效果（位图效果）（如图 6-38）

AI 里的 PS 效果是指生成的效果是位图的样式，既可以对矢量图添加 PS 效果，也可以对位图添加 PS 效果。效果菜单下的 PS 效果有六种：像素化、扭曲、模糊、素描、纹理、风格化。这些效果都可以在外观中进行清除。

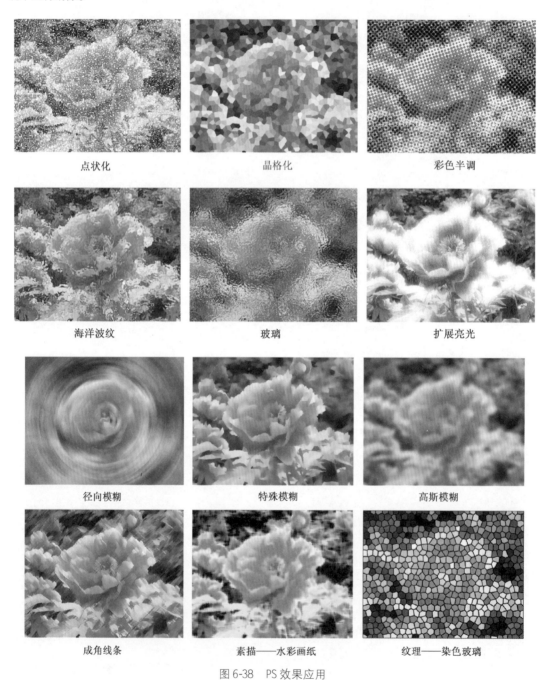

点状化　　　　　　　　　晶格化　　　　　　　　　彩色半调

海洋波纹　　　　　　　　玻璃　　　　　　　　　　扩展亮光

径向模糊　　　　　　　　特殊模糊　　　　　　　　高斯模糊

成角线条　　　　　　　　素描——水彩画纸　　　　纹理——染色玻璃

图 6-38　PS 效果应用

5. 转换为形状（如图6-39）

星形
【效果】菜单|【转换为形状】|【矩形】
转换成矩形后，仍然是一种外观，不能
选择矩形，只能选择原来的星形。

形状选项参数

【对象】菜单|【扩展外观】
将外观转换为图形。

星形
【效果】菜单|【转换为形状】|【圆角矩形】
转换成矩形后，仍然是一种外观，不能选择
圆角矩形，只能选择原来的星形。

形状选项参数

【对象】菜单|【扩展外观】
将外观转换为图形。

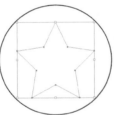

星形
【效果】菜单|【转换为形状】|【椭圆】
转换成矩形后，仍然是一种外观，不能
选择圆形，只能选择原来的星形。

形状选项参数

【对象】菜单|【扩展外观】
将外观转换为图形。

图6-39　转换为形状效果

第8节　运用符号工具

1. 符号工具组（【Shift＋S】）

使用符号工具可以方便、快捷地绘制很多相似的图形。在符号工具
组中共有8个符号工具（如图6-40）。

（1）符号工具是配合【符号】面板来工作的，在利用符号喷枪工具
进行绘制图形时，必须在符号面板中选择一个符号才能绘制。

图6-40　符号工具组

（2）符号控制面板（如图6-41）

调用【符号】面板的方法：【窗口】菜单 |【符号】命令；快捷键【Shift +Ctrl +F11】。

图6-41 【符号】面板及调用符号库的方法

可以在面板中打开符号库，符号库中存储各种各样的符号图形，供我们选择。

（3）绘制方法：在符号面板中选中一个符号图形，利用喷枪工具点击或拖曳来进行操作，操作的时候发现图形的分布和我们自己操作有关系，可双击符号工具，调出符号工具控制面板，用来调整符号工具的参数（如图6-42）。

（4）8个符号工具的使用技巧

可以利用这些工具调整图形的位移、缩放（点击放大，按住Alt键点击缩小）、旋转、着色、滤色器（相当于调整透明度）、符号样式（给原有的符号加上图形样式）等属性（如图6-43）。

（5）符号工具组使用特点

① 双击每一个符号工具，都有工具属性，可设置相关参数，并提示相关操作的快捷键。

② 利用快捷键 "［" 和 "］" 来调整笔头的大小。

③ 利用符号工具绘制出来的图形是一个整体，需要将它进行扩展实现物体的分离。方法是：【对象】菜单 |【扩展】命令。

不同的强度和密度参数绘制的效果不同

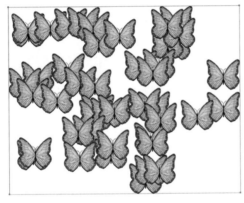
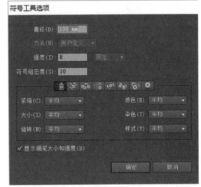

图 6-42 符号工具选项参数的应用

喷枪工具绘制，选中
蝴蝶符号绘制图案

符号位移器工具，
将符号进行移动

紧缩器工具，将图形
紧密排列

符号缩放工具，将
符号进行缩放

符号旋转器工具，
将符号进行旋转

符号着色器工具，
将符号着色

符号滤色器工具，是符号
的颜色深浅发生变化

符号样式器工具，是将
图形样式添加到图形

图 6-43 各种符号工具应用效果

第9节　液化工具组

液化工具组如图6-44所示。

1. 液化工具不仅对矢量图起作用，而且对位图也起作用。对矢量图的调整方法很简单，选择相关的液化工具，按住拖曳即可完成工具默认参数的调整，也可以双击液化工具，利用工具选项参数调整液化的幅度。

2. 液化工具笔头的大小设置，可以配合快捷键的使用来提高作图的速度，方法是按住【Alt】键拖曳，向右拖是放大，向左拖是缩小，这时，画笔是椭圆的效果，如果按住【Alt + Shift】键，就是强制为正圆的笔头（如图6-45）。

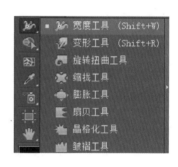

图6-44　液化工具组

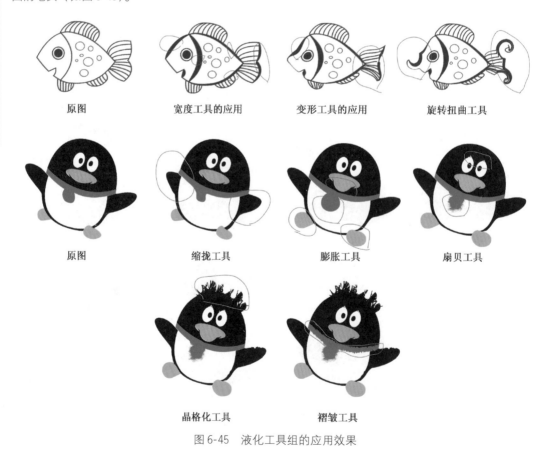

图6-45　液化工具组的应用效果

第7章 混合和封套扭曲工具

学习目标：

① 混合图形的方法和技巧；

② 混合功能的应用——太阳的混合效果；

③ 封套扭曲的创建与修改的方法；

④ 封套扭曲的应用——胶卷的创建及变形效果。

第1节 混合图形

1．混合功能的特点

（1）混合工具可以用在两个或两个以上的对象间，对象可以是封闭或开放的路径，甚至群组对象，复合路径及蒙版对象都适合混合功能。

（2）混合工具适合于单色填充或渐变填充对象中，但是对图案填充只能做形状的混合，填充的部分则不适用于做混合功能。

（3）混合对象后会自动结成一个新的混合对象，并且可以被编辑，只要改混合的任何一个关键对象，混合就会自动更新。

2．混合的操作方式

工具 ；【对象】菜单 |【混合】|【建立】命令；快捷键【Alt +Ctrl +B】。

3．混合创建方法

创建混合的起始对象和目标对象（如一个圆形、一个矩形），选择混合工具，将鼠标接近一个对象（混合起始对象）单击，接着再靠近另一个对象（混合目标对象）单击，从而完成一个混合结果。双击混合工具，调出混合选项，调整制定的步数和距离，来调整混合图形整体状态（如图7-1）。

对齐页面　　对齐路径　　　　　　　可以三种间距方式控制混合

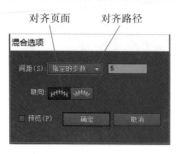

图 7-1　混合选项面板

4．修改混合的方法

利用白箭头组选择工具，选择混合物体中首尾两个物体，更改其颜色和形状。

5．混合的两种形式：形状混合和颜色混合

① 形状混合——形状过渡

形状混合有相同形状不同大小的混合、不同形状的混合、图形不等比的混合等（如图7-2）。

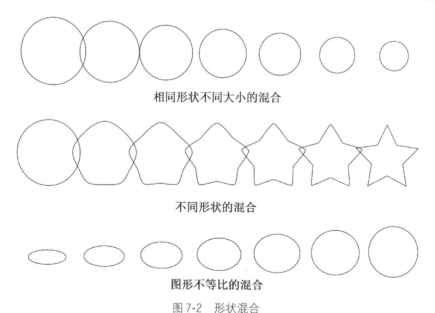

相同形状不同大小的混合

不同形状的混合

图形不等比的混合

图 7-2　形状混合

② 颜色混合——颜色过渡

颜色混合有不同颜色的混合，也有相同颜色不同纯度、透明度的混合。混合后也可以利用混合选项面板，更改平滑颜色（如图7-3）。

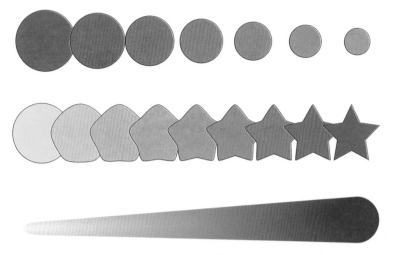

图 7-3　颜色混合

6．沿路径调和——替换混合轴

默认的情况下，混合是沿着直线进行混合的，为了一些特殊的效果，可以替换直线路径，也就是替换混合轴，使之按照作品效果去处理路径，完成混合。

替换混合轴的方法：

① 按照创建混合的方法，将图形创建混合效果，此时是直线混合形式。

② 按照作品设计效果，绘制路径。

③ 替换混合轴。将混合效果与新路径全部选中，执行【对象】菜单｜【混合】｜【替换混合轴】命令，使混合图形沿着新路径进行排列。

④ 如果想达到相反排列的效果，可执行【对象】菜单｜【混合】｜【反向混合轴】命令（如图 7-4）。

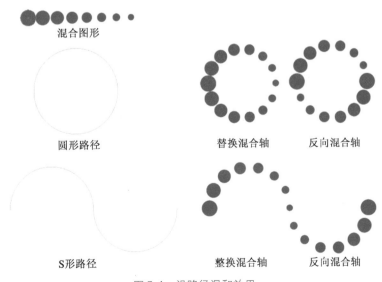

图 7-4　沿路径混和效果

7. 混合后的物体的拆分

① 选中混合物体。

②【对象】菜单 |【混合】 |【扩展】命令。

③ 扩展后的物体的特点是每个物体都是独立的，但扩展后是成组状态，要想单个操作，需要执行【对象】菜单 |【取消编组】命令。

实训案例 20 制作太阳的混合效果

太阳的混合效果如图 7-5。

① 绘制一个圆形，填充白色。见图 7-5 中的图①。

②【Ctrl + C】/【Ctrl + F】，粘贴到前面，按住【Alt + Shift】键等比例中心不变缩小，并填充黄色。见图②。

③ 将两个圆形去掉描边效果。见图③。

④ 选择混合工具将两个物体做混合，混合选项中选择平滑颜色。见图④。

⑤ 选择组选择工具（白箭头），选择黄色的圆，按【Ctrl + C】/【Ctrl + F】，粘贴到前面，按住【Alt + Shift】键等比例中心不变缩小，将填充色改为红色。

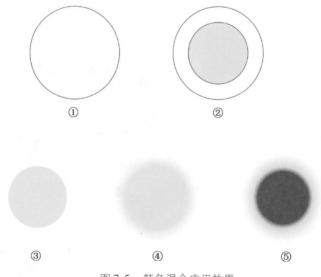

① ② ③ ④ ⑤

图 7-5 颜色混合应用效果

Illustrator 基础与实训

第 2 节　封套扭曲

1. 创建封套有三种方式：变形、网格、顶层建立（如图7-6）

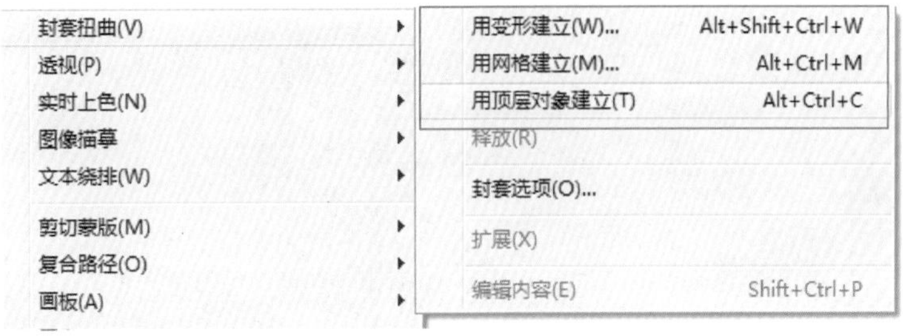

封套扭曲(V)	▶	用变形建立(W)...	Alt+Shift+Ctrl+W
透视(P)	▶	用网格建立(M)...	Alt+Ctrl+M
实时上色(N)	▶	用顶层对象建立(T)	Alt+Ctrl+C
图像描摹	▶	释放(R)	
文本绕排(W)	▶		
		封套选项(O)...	
剪切蒙版(M)	▶	扩展(X)	
复合路径(O)	▶		
画板(A)	▶	编辑内容(E)	Shift+Ctrl+P

图 7-6　封套扭曲的三种方式

（1）【对象】菜单｜【封套扭曲】｜【用变形建立选项】（如图7-7、图7-8）

该功能可以制作图形或者字体变形效果，运用【变形选项】面板中的"样式、弯曲、扭曲"参数控制图形变形的形态。

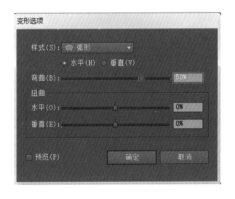

图 7-7　封套扭曲——变形面板

LIFE IS BETTER　　　　原字体　　　　弧形　　　　下弧形　　　　鱼眼形　　　　凸壳

图 7-8　封套扭曲——用变形建立

（2）【对象】菜单｜【封套扭曲】｜【用网格建立】（如图7-9）

主要是设置网格的点，可以在建立时设置，也可以在控制属性栏中设置。

可以用直接选择工具（白箭头）调整封套点的效果。注意：调整的是封套不是物体的路径。

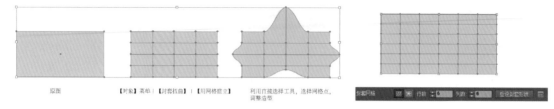

原图　　　　　　　　【对象】菜单｜【封套扭曲】｜【用网格建立】　　利用直接选择工具，选择网格点，调整造型

图7-9　封套扭曲——用网格建立

（3）【对象】菜单｜【封套扭曲】｜【用顶层建立】（如图7-10）

原理：实际上就是按照顶层的范围显示下边图形的内容，常用于制作比较有规律的图形排版。

用于顶层建立命令的条件：一是作为范围的图形，二是作为内容的图形。作为范围的图形在排列顺序上必须在顶层。

操作方法：准备顶层建立的图形或文字，并将作为范围的图形放在内容图形的上边，全部选择，执行【对象】菜单｜【封套扭曲】｜【用顶层建立】命令，文字就会按照图形进行变形处理。

补充说明：也可以用封套网格先绘制一个基本形状，然后结合图像，利用顶层对象建立方法显示图形。

运用顶层建立的内容图形，如果是位图，位图必须嵌入，否则会提示"选区包含无法扭曲的对象"，顶层建立失效。文字不能作为顶层，可以作为内容层；如果想用文字作为顶层显示范围，可用剪切蒙版功能来完成。

绘制作为顶层的图形

输入文字

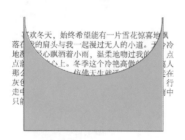

将图形放到文字的上方

【对象】菜单｜【封套扭曲】｜【用顶层建立】

图7-10　封套扭曲——用顶层建立

2．封套扭曲图形的修改

变形之后的物体，可以修改 2 种模式，即封套模式和内容模式（如图 7-11）。

图 7-11　封套扭曲控制属性栏

经过封套扭曲的图形，可以通过封套扭曲属性来对图形进行编辑，选择【编辑封套】按钮，可以对封套进行编辑，选择【编辑内容】按钮，可以对封套的内容进行编辑（如图 7-12）。

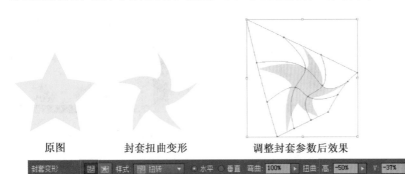

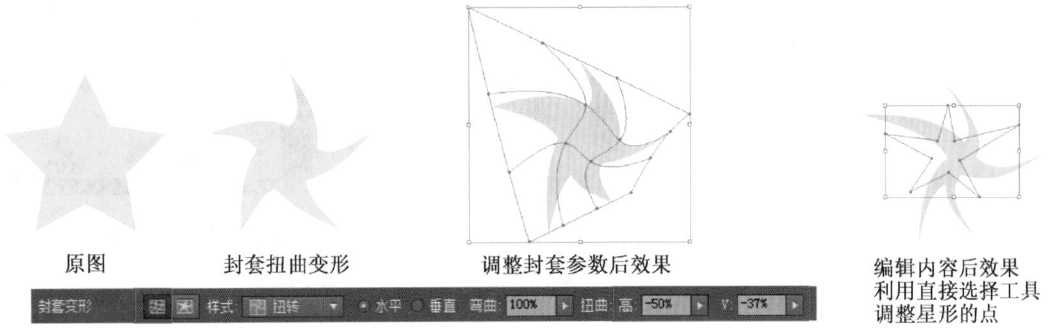

原图　　　　　封套扭曲变形　　　　调整封套参数后效果　　　　编辑内容后效果利用直接选择工具调整星形的点

图 7-12　封套扭曲命令的编辑

3．封套扭曲的释放（如图 7-13）

修改完的封套扭曲图形可以释放。

（1）运行【对象】菜单|【封套扭曲】|【释放】命令。

（2）释放后，封套的形状会与文字分开，会单独留有封套的形状，其性质是网格性质（实际上是一种填充方式，与工具中的网格填充一样）。

4．封套扭曲的扩展（如图 7-13）

封套扭曲的对象都可以扩展，一旦扩展完成，那就是一个路径图像了，就不能通过释放命令进行图形的还原。

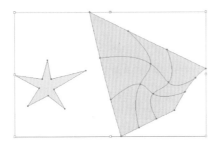

执行【对象菜单】|【封套扭曲】|【释放】命令。释放后的图形，将封套和内容进行分离，形成独立的两个图形。

执行【对象菜单】|【封套扭曲】|【扩展】命令。扩展后的图形，将封套去掉，彻底将封底效果转变为图形效果。

图 7-13　封套扭曲的释放与扩展的区别

实训案例 21　胶卷效果

胶卷效果如图 7-14 所示。

图 7-14　胶卷效果

1. 工具应用分析

① 矩形绘制方法；

② 平均分布的方法；

③ 封套扭曲的应用——顶层建立的方法。

2. 操作步骤流程

① 利用矩形工具，绘制长条状的矩形作为底，并填充黑色。

② 绘制底板上下的小孔，利用矩形工具绘制小矩形，填充白色，利用【Ctrl + C】/【Ctrl + F】快捷方式，将其粘贴到前面，并连续按【Ctrl + F】，复制多个。按住【Shift】将其中的一个拖曳到最右侧合适位置，将白色的小矩形全部选中，打开对齐面板，在分布中选择"水平居中分布"。并按住【Alt】键，向下拖曳复制。

③ 利用矩形工具，绘制中间放图片的矩形，填充任意一种颜色即可。并同步骤②方法一样，复制多个矩形，并平均分布。

④ 置入 7 张图片（位图），点击属性控制栏中的嵌入，将位图嵌入到当前文件中，全部选中位图，按【Shift + Ctrl + [】将图片置于底层，目的就是保证绘制的作为范围的矩形在顶层。

⑤ 找到图片和矩形——对应的关系，执行【对象】菜单 |【封套扭曲】|【用顶层建立】命令，得到胶卷效果一。

实训案例 22　胶卷变形效果

胶卷变形效果如图 7-15 所示。

图 7-15　胶卷变形效果

操作步骤：

① 将胶卷一的效果全部成组。

② 绘制一个矩形，利用网格建立的方法将矩形调整成如图 7-16 所示效果。

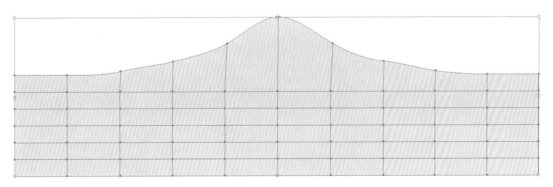

图 7-16　用网格建立的方法调整矩形效果

③ 将网格矩形置于顶层，并将胶卷效果与变形的矩形全部选中，执行【对象】菜单 |【封套扭曲】|【用顶层建立】命令，制作成胶卷变形效果。

可以利用各种不同的图形作为顶层建立的范围，从而得到不同的胶卷变形效果（如图7-17）。

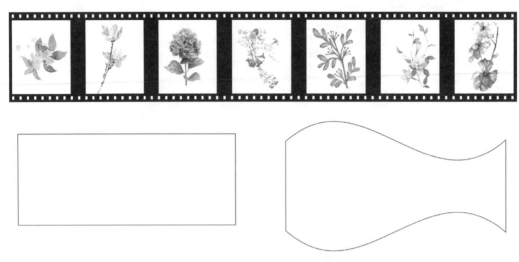

矩形　　　　　　　　　　　　　　　　封套扭曲变形——鱼眼效果

封套扭曲顶层建立效果

图7-17　不同的封套扭曲顶层效果

第 8 章　图层和蒙版

学习目标：

① 了解图层并掌握新建图层、删除图层、复制图层等相关操作方法；

② 了解蒙版的原理，掌握剪切蒙版的使用方法和技巧；

③ 掌握文字蒙版的使用方法和技巧；

④ 掌握透明度面板的主要功能；

⑤ 掌握透明度蒙版的创建条件、原理及创建方法 。

第 1 节　图层的基本操作

图层可以看作许多形状相同的透明画纸叠加在一起，在每一图层中都可以放置不同的图像，位于不同画纸中的图形叠加起来形成了完整的图形，但编辑上边图层时不会影响下边的图层。图层在进行图形处理的过程中有十分重要的作用，它可以管理创建或编辑不同的图形，方便对图形的编辑操作，也可以丰富图形的效果。

图层的操作主要包括创建新图层、删除图层、复制图层、调整图层位置等，而同一图层中对图形对象的编辑操作主要有复制、删除、隐藏、显示、锁定和移动等。

1. 新建、删除、复制图层和子图层

在 AI 中，图层主要是通过【图层】面板来进行操作的。

① 图层面板：【窗口】菜单 |【图层】命令；快捷键【F7】（如图 8-1）。

② 新建图层：点击面板下面的新建按钮 ，或面板下拉菜单中选择"新建图层"命令。

③ 删除图层：选中图层拖曳到垃圾桶。

④ 复制图层（如图 8-2）

复制图层，将要复制的图层拖曳到新建的按钮上。

复制图层中的物体，拖曳物体所在的图层到新建的按钮上，这种复制图层的方法也是物体原地复制的方法之一。

复制后的图层名称将在原图层名称之后加上"复制"两字，若想更改，可双击图层，打开图层选项面板更改参数。

⑤ 创建子图层：选中需要创建子图层的图层，点击面板下面的创建子图层按钮 ，相当于一个树形结构。

新建图层

图 8-1　【图层】面板

图 8-2　复制图层

2. 锁定与隐藏图层

① 锁定图层：点击图层前面的小锁 ，图层锁定后，图形将不能进行移动等操作。

② 为了方便操作，需要将部分图层进行隐藏，利用"图层"控制面板中每一个图层前面的小眼睛图标 ，可隐藏或显示图层。

3. 选中图层与选中对象的区别

① 在【图层】面板上，点击图层名称的位置，即可以选中图层。

② 选择图层中的物体，只需要选择物体所在图层后面的小圆圈图标 ，即可选中图层中的物体。

4. 图层属性

双击图层，可以调用图层选项对话框（如图 8-3），可以更改颜色和参数。

注意：只能设置主图层，不能设置子图层。

5. 移动图层

图层在"图层"面板中是按照一定的顺序叠放在一起的，图层叠放的顺序不同，在页面中产生的效果也就不同。因此，在作图的过程中经常会根据需要来移动图层的位置。

移动图层的方法：选中要移动的图层，然后将其向上或向下拖动到目标位置即可。

可以定义所选图层中被选中图形的边界框的颜色。也可点击色块自定义创建颜色

将当前图层转换为模板，转换为模板后，该图层被锁定

可以将当前图层中的对象在页面中显示或隐藏

将以预览或线条轮廓的形式显示当前图层中的对象

显示当前选择图层的名称

可以锁定当前图层中的对象，锁定后，在图层的左侧出现小锁图标，被锁定的图层不可编辑，也无法选择其中的对象

选中状态，则该图层的对象将被打印

可以使当前图层中的图像变暗显示，其右侧的数值决定图像变暗显示的程度

图 8-3　图层选项面板参数

在图层中移动对象的方法：选择将要移动的图形对象，然后在该图层右侧的彩色点 上单击并将其拖动到目标图层中，在拖动的过程中将会有一个小矩形跟随手形指针一起移动。这种方法与编辑菜单中的复制、粘贴效果一样。

6. **拼合图层或将选中对象收集到新"子图层"当中**

拼合图层是图层中较频繁应用的操作，在操作过程中，过多的图层将会占有许多内存。在作图过程中，要随时将同类的图层进行合并，其方法很简单：在图层面板中选中多个图层，选择图层面板右侧下拉菜单中的"合并多选图层"，即可将选中的图层进行合并。

7. **释放到图层（顺序或累积）（如图 8-4）**

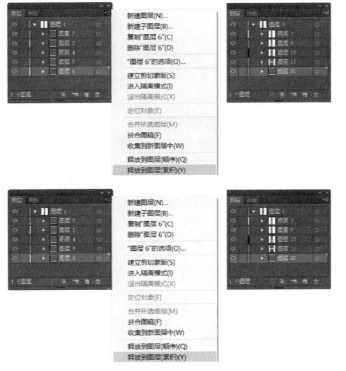

图 8-4　释放到图层面板

① 先绘制一个矩形，按住 Alt 键，向上拖曳复制 5 个。

② 在图层中，默认的情况下是一层。

③ 面板右侧下拉菜单 |【释放图层（顺序)】：会将 5 个矩形释放成单独的图层，每个图层中都是一个矩形。

④ 面板右侧下拉菜单 |【释放图层（累积)】：会将 5 个矩形释放成单独的图层，但是每个图层中的矩形是不同的，按照复制的顺序递增。

这种情况适合于做动画，Flash 与 AI 是一个公司的，可以在 AI 中画好一些图形，然后在 AI 中导出 SWF格式的文件。

8. 轮廓化图层与预览图层

①【图层】面板下拉菜单 |【轮廓化所有图层】，这种方法是调整了显示模式，其实填充还在。

②【图层】面板中设置的，就要在面板中设置预览，面板下拉菜单 |【预览所有图层命令】，即可预览。

③ 也可以通过视图菜单来实现轮廓和预览，【视图】菜单 |【轮廓】/【预览】，快捷键【Ctrl+Y】。

9. 隔离模式

① 双击物体，即可进入隔离模式。

② 面板下拉菜单 |【退出隔离模式】，或在物体外双击，或点击属性箭头，即可退出隔离模式。

第 2 节　蒙版功能

通常用剪切蒙版功能对位图或矢量图进行裁切效果的处理。

1. 创建剪切蒙版的方法（位图的裁切方法）

方法一：【对象】菜单 |【剪切蒙版】（如图 8-5）

① 置入一个位图图片。

② 画一个椭圆，无填充，黑色轮廓。

③ 全部选中，【对象】菜单 |【剪切蒙版】|【建立】剪切蒙板；快捷键【Ctrl+7】。

④ 剪切蒙版模式下，图片并没有被裁切掉。双击图片，即可进入隔离模式，对原图像的位置进行调整，编辑完成后需要退出隔离模式。

⑤ 释放剪切蒙版，【Alt+Ctrl+7】。

⑥ 剪切蒙版的编辑，有两种方法：【对象】菜单 |【剪切蒙版】|【编辑蒙版】；或剪切蒙版属性控制栏中的"编辑剪切路径""编辑内容"按钮。

原图

绘制蒙版路径范围

【对象】菜单|【剪切蒙版】|【建立】

编辑方法一：剪切蒙版属性控制栏
编辑剪切路径

编辑内容

编辑方法二：
【对象】菜单|【剪切蒙版】|【编辑蒙版】
利用选择工具移动位图在蒙版中显示的位置
利用直接选择工具调整蒙版形状

图 8-5　菜单剪切蒙版功能的应用

方法二：运用图层面板中的剪切蒙版功能（如图 8-6）

原图

绘制制作剪切蒙版的路径

制作剪切蒙版前
图层显示为路径

制作剪切路径后图层
显示为剪切路径

建立/释放剪切蒙版

应用剪切蒙版后图像，相当于抠图处理

图 8-6　图层剪切蒙版的应用

（1）【图层】面板中的剪切蒙版操作方法

① 置入一个位图，利用钢笔工具在位图图像上绘制作为剪切蒙版的范围，此时，图层面板中显示的子图层名称为路径。

② 点击图层面板下方的"建立/释放剪切蒙版"按钮，即可将位图制作剪切蒙版，图像按照路径范围进行显示。剪切蒙版实际上可以理解为是抠图的一种功能。

（2）剪切蒙版优势

它只是起到了一个遮罩的作用，并没有真正剪切掉图片，可以对其内容进行修改，也可以通过隔离编辑模式进行调整。

（3）剪切蒙版编辑的方法

使用直接选择工具选择钢笔路径，选中需要编辑的路径，使用鼠标拖动，即可对蒙版进行编辑。

2．矢量图的裁切方法（如图 8-7）

方法一：剪切蒙版，特点是原图还存在，可以释放。

方法二：路径查找器的差集■，特点是原图不存在了，被裁切掉了。

绘制基础矢量图形

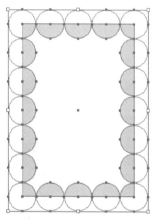

建立剪切蒙版后的矢量图形

使用路径查找器的方法对矢量图进行裁切

图 8-7　矢量图的两种裁切方法对比

第 3 节　文字蒙版和透明度蒙版

除了能对矢量和位图添加蒙版外，还可以对文字创建蒙版，同时还可以利用【透明度】面板制作位图或矢量图的透明或半透明的效果。

1. 文字蒙版

创建文字蒙版。输入文字，在图层控制面板中单击建立/释放剪切蒙版""按钮，为文字添加蒙版。再使用图形绘制工具绘制一个形状，如绘制一个矩形，使矩形包含字的范围，配合渐变面板为绘制的图形添加一种渐变，从而制作渐变形的字体（如图8-8）。

Christmas Day ⊢Christmas Day⊣

图8-8 文字蒙版的创建

2. 透明度蒙版

（1）透明度主要通过【透明度】面板来实现透明和半透明效果

【透明度】面板的调用方法：【窗口】菜单 |【透明度】；快捷键【Ctrl+Shift+F10】。

（2）【透明度】面板的主要功能（如图8-9）

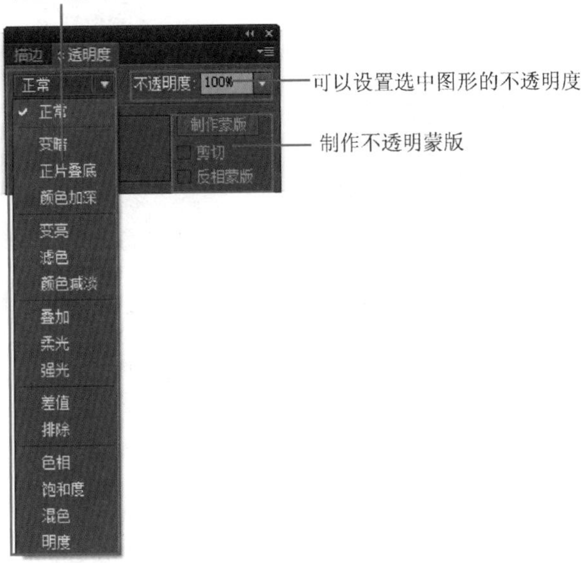

设置当前对象与底层对象之间的混合模式

可以设置选中图形的不透明度

制作不透明蒙版

图8-9 【透明度】面板参数

① 可以设置选中图形的不透明度

选中图形，打开【透明度】面板，在不透明度参数中，点击后边的小三角，在弹出的滑块中调整需要的不透明度参数即可，或者直接输入参数值（如图8-10）。

原图效果   透明度为60%的图形

图8-10　不透明度参数控制图像的效果

② 设置当前对象与底层对象之间的混合模式

制作特效是图形创意经常要用到的功能，在 AI 中也可以像在 Photoshop 中一样给图形添加一些特殊的效果，其方法是利用【不透明度】面板中的叠加模式来控制（如图8-11）。

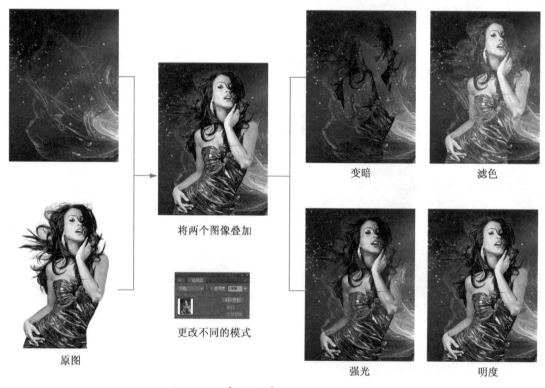

变暗

滤色

将两个图像叠加

更改不同的模式

原图

强光

明度

图8-11　【透明度】面板叠加模式效果

③ 制作透明度蒙版

在制作图像中，使用【透明度】面板还可以制作图形的透明度蒙版效果。

创建透明度蒙版的条件：具备作为内容（效果）的图形或对象，需要放置在底层；作为制作范围（效果）的图形或对象放置在顶层。

透明度蒙版创建原理：透明度蒙版会根据顶层图形黑白灰的关系来显示底层图像，顶层图形如果是白色为显示底层图像，顶层图形如果是黑色为隐藏底层图像；如果顶层图形是彩色的，也会按照图像的灰度进行转换显示；如果顶层图形的填充是黑白渐变，则底层图像按照渐变关系显示；如果顶层图形边缘是实边，则图像按照实边显示；如果顶层图形边缘是虚边，则图像按照虚边显示。

创建的方法：首先绘制创建不透明度蒙版具备的条件图形；其次，将条件图形全部选中；最后，在【不透明度】面板的下拉菜单中选择"建立不透明度蒙版"命令，即可建立不透明度蒙版。

透明度蒙版创建效果如图8-12。

顶层图形是单一颜色　　　制作蒙版后效果　　　顶层图形是渐变颜色　　　制作蒙版后效果

顶层图形是边缘虚边效果　　　制作蒙版后效果

图8-12　透明度蒙版创建效果

注意：如果现实的图像是反的，可以利用【不透明度】面板中的"反向蒙版"来进行图像的转换。

透明度蒙版应用效果如图8-13、图8-14。

  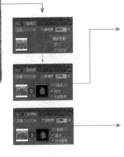

原图　　　将两个图像叠加放置合适位置并全部选中　　　反向蒙版效果

图8-13　透明度蒙版应用效果1

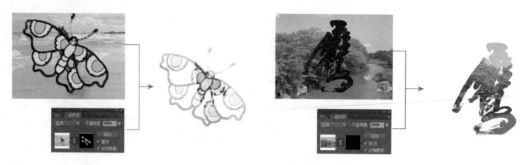

图8-14　透明度蒙版应用效果2

实训案例 23　荷花的绘制

荷花效果图如图8-15所示。

1．工具应用分析

① 不透明度蒙版的应用。

② 羽化投影的效果。

2．操作步骤分析

① 首先利用钢笔工具，绘制一个花瓣的造型。

② 填充洋红色，去掉描边。

③ 制作花的边缘羽化效果。

【效果】菜单|【投影】，参数：投影的颜色设置为花瓣的颜色，距离调整一下即可。

【对象】菜单|【扩展外观】，将上面和下边的投影分开，取消编组，将上边的实体删除即可（如图8-15）。

图8-15　荷花效果图

利用钢笔工具绘制花叶

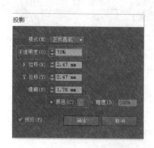

将花叶制作阴影
【效果】菜单|【风格化】|【投影】

将上边的实体与阴影分离
【对象】菜单|【扩展外观】
【对象】菜单|【取消编组】

图8-15　制作花瓣阴影分离

Illustrator 基础与实训

④ 绘制一个矩形，调整合适的角度和大小，填充黑白渐变，将左下角位置设为黑色，将右上角位置设为白色，选中矩形与花瓣物体，在不透明度的面板中建立不透明度蒙版，这样花瓣的下边渐隐了。

⑤ 利用复制功能，将花瓣进行复制，调整大小和旋转的方向。调整下边小花瓣的时候，需要重置定界框，方法是：【对象】菜单|【变换】|【重置定界框】（如图8-16）。

绘制矩形，填充黑白
渐变，调整角度

将矩形和花瓣制作不透明蒙版

将花瓣复制，并调整合适的大小和角度

图8-16　花瓣不透明度效果

⑥ 做莲藕，利用钢笔工具绘制莲藕的形状。

【效果】菜单|【投影】，参数：投影的颜色为藕的颜色（灰色），距离调整一下即可。

与花瓣绘制的方法一样，制作藕的渐变效果，在上边绘制一个矩形，填充渐变，下边黑色上边白色，与藕建立不透明度蒙版，得到藕的效果图（如图8-17）。

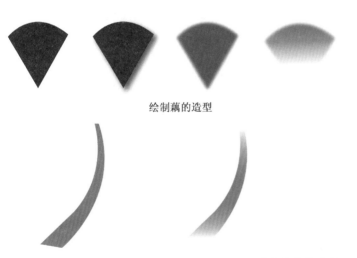
绘制藕的造型

图8-17　藕和花茎的绘制

茎的绘制原理：同藕的制作方法，为了表现两头渐隐效果，在利用渐变做不透明度蒙版时，设置渐变两侧为黑色，中间为白色。

第9章　制作与运用图表

学习目标：

① 创建图表；

② 修改图表；

③ 复合类型的图表；

④ 自定义柱形图图案。

第 1 节　创建图表

由于创作内容的需要，经常会用到各类图表，在 AI 中图表的制作主要是通过图表工具组来完成。本章主要包括图表的类型、图表的创建、图表的修改、各类型图表的制作方法等内容。

1. 图表的分类

在 AI 中，共有九种图表工具按钮，每一种图表都有自己的优越性，可以通过图表工具组中的图表工具按钮（如图 9-1），完成不同类型图表的绘制。

2. 创建图表

创建图表的条件：具备图表的范围（长度和宽度）和图表资料。

① 指定图表的大小

有两种方法可以确定图表的大小。

图 9-1　图表工具组

方法一：拖动鼠标来任意创建图表的大小。

此种方法类似于图形绘制工具，可以选择任何一种图表工具按钮，按住鼠标左键在页面上拖曳出一个范围框，即为图表大小，松开鼠标后，弹出输入数据对话框，可输入图表资料。按住【Shift】键，可绘制正方形的图表效果，按住【Alt】键，可由中心绘制图表（如图9-2）。

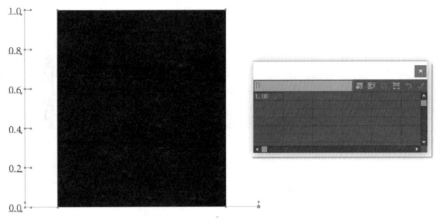

图9-2　拖动鼠标创建图表

方法二：输入精确数值的方法创建图表。

选择一个图标工具按钮，在页面上点击，即可调出"图表"对话框，输入精确的宽度和高度值，即可建立精确数据的图表，确定后即可弹出数据输入对话框，可根据需要输入数据，建立图表（如图9-3）。

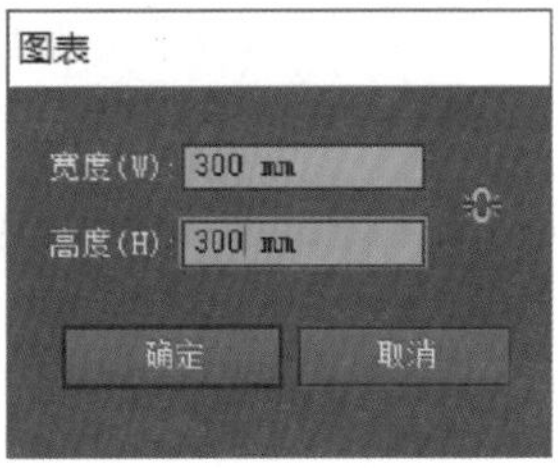

② 输入数据

图9-3　精确数据创建图表

方法一：利用图表数据输入对话框输入数据（如图9-4）。

在图表数据输入对话框中，输入相关资料数据，输入数据后，点击对话框右上角的"✓"，即可创建相关类型的图表。图表生成之后，可单击图表数据输入对话框右上角的"✕"。

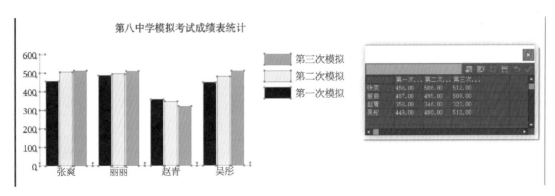

图9-4　利用输入数据创建图表

方法二：导入数据法，来创建图表。

在实际的工作过程中，可以将图表中需要的资料先输入到记事本中，然后在图表数据输入框中直接调用。但在导入的文本中，资料之间必须用制表符加以分隔，并且行与行之间用回车符分隔。

① 选择柱形图工具，按住拖曳创建。

② 选择 按钮，导入已经存储好的数据（如图9-5）。

③ 如果想表现一个门类不同年份的比较，还要更换数据的行列关系。可利用"换位行/列"按钮，对图标信息进行换位显示（如图9-6）。

图9-5　导入数据法创建图表

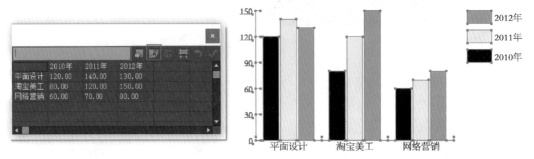

图9-6　图表换位行/列功能

第2节　修改图表

制作完的图表，可以对图表类型、图表数据、图表选项、行比例和列比例切换等功能进行修改。

1. 更改图表类型

在图表上点击右键，在下拉菜单中选择"类型"，可弹出对话框，选择需要更改的图表类型即可（如图9-7、图9-8）。

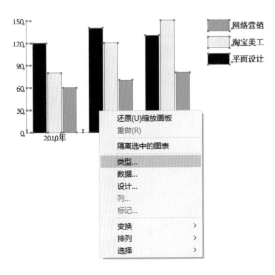

图 9-7　更改图表类型面板

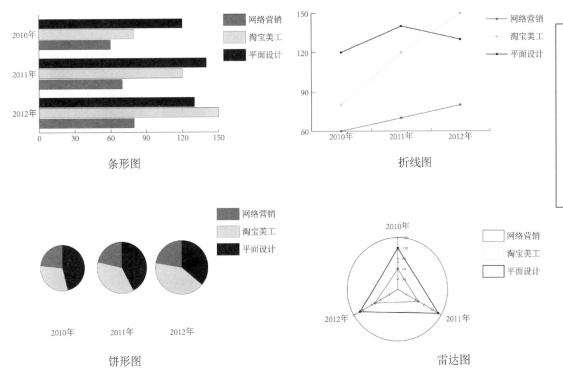

图 9-8　更改不同图表类型后的效果

2．如何更改图表的颜色

① 选择组选择工具，双击选择右侧的类型图块，即可把同一类型的图块全部选中。

② 在选中状态下，在属性控制栏中更改颜色即可。例如，将图9-5的图表更改颜色（如图9-9）。

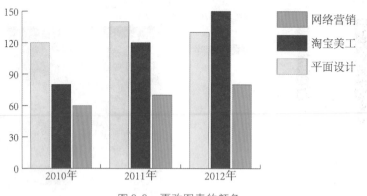

图 9-9　更改图表的颜色

3. 修改图表的刻度（数据轴）

默认的情况下，图表的刻度一般都是在左侧或上侧，可以根据情况，将刻度修改到其他位置。修改的方法是利用"数值轴"中的选项来控制数值坐标轴的位置。但饼形图没有数值坐标轴。按照坐标轴位置的不同，可将图表划分为几类。

① 位于左侧、右侧和两侧的图表有柱形图表、堆积柱状图表、折线图表和面积图表（如图 9-10）。

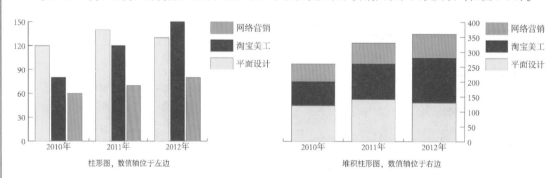

图 9-10　数值轴位于左侧、右侧和两侧的柱形图和堆积柱形图

② 位于底部、上方和两侧的图表有条形图表和堆积条形图表（如图 9-11）。

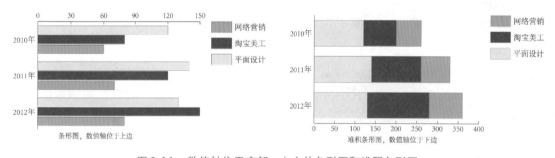

图 9-11　数值轴位于底部、上方的条形图和堆积条形图

③ 仅位于左侧和两侧的是三点图（如图 9-12）。

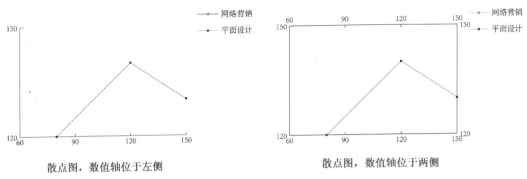

散点图，数值轴位于左侧　　　　　　　散点图，数值轴位于两侧

图 9-12　数值轴位于左侧和两侧时的散点图表

④ 位于图表每侧的图表是雷达图表（如图 9-13）。

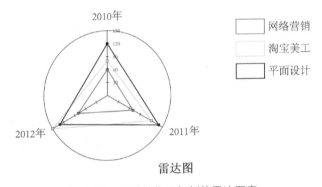

雷达图

图 9-13　数据轴位于每侧的雷达图表

4. 设置图表选项和添加图表样式

可以设置添加投影、在顶部添加图例、第一行在前和第一列在前等参数（如图 9-14）。

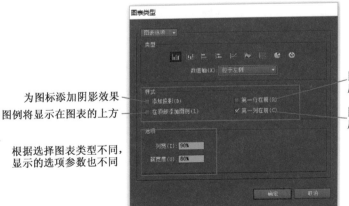

为图标添加阴影效果

图例将显示在图表的上方

根据选择图表类型不同，
显示的选项参数也不同

图表数据输入框中第一行的资料
所代表的图表元素在前面

图表数据输入框中第一列的资料
所代表的图表元素在前面

图 9-14　添加图表样式与设置图表选项参数

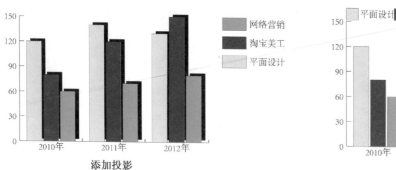
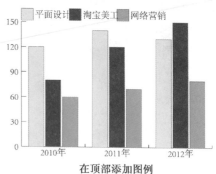

添加投影   在顶部添加图例

图 9-15　添加图表样式效果

注意：要想将图例的位置进行移动，可利用组选择工具进行合理的移动。

5. 定义数值坐标轴

通过数值坐标轴，可以在图表中添加数据。参数面板如图 9-16。定义数值坐标轴前后效果对比见图 9-17。

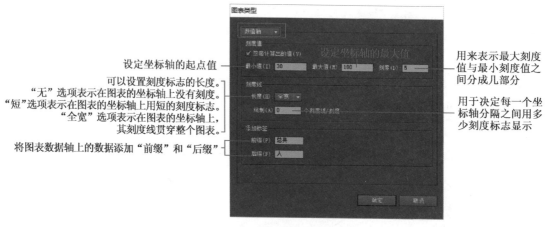

设定坐标轴的起点值　　　　　　　　　　　　　　　　　　　用来表示最大刻度值与最小刻度值之间分成几部分

可以设置刻度标志的长度。
"无"选项表示在图表的坐标轴上没有刻度。
"短"选项表示在图表的坐标轴上用短的刻度标志。　　　　用于决定每一个坐标轴分隔之间用多少刻度标志显示
"全宽"选项表示在图表的坐标轴上，其刻度线贯穿整个图表。

将图表数据轴上的数据添加"前缀"和"后缀"

图 9-16　【图表类型】面板参数详解

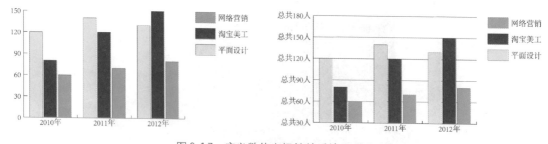

图 9-17　定义数值坐标轴前后效果对比

6. 绘制类别轴

通过类别轴，可以设置刻度线的长短，以及设置在相邻两个类别刻度间刻度标记的条数（如图 9-18）。

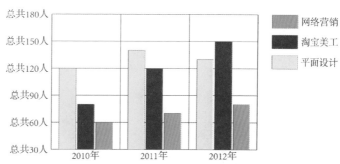

图 9-18   修改类别轴参数效果

第 3 节   复合类型的图表

在实际工作中，往往需要将多个项目放在同一个图表中显示，这就需要不同类型的项目组合到一起（如图9-19）。

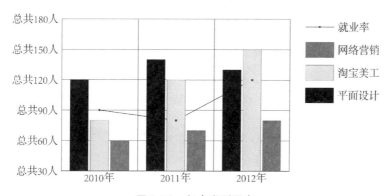

图 9-19   复合类型图表

复合图表操作方法：

① 选择柱形图工具，创建图标。

② 导入数据，数据名为"复合型图表资料"。

③ 将就业率百分比去掉。

④ 选择组选择工具，两次单击就业率，就可以将就业率的图例和参数选中。

⑤【对象】菜单|【图表】|【类型】，注意：这里利用右键选择修改类型不好用。

⑥ 在类型对话框中更改图表类型为折线。

第4节 自定义柱形图图案

在 AI 中，图表不仅可以默认的柱形、条形和单一的颜色来显示，还可以通过自定义图案来表现，使图表可以根据要求来表现内容。

1. 类型一

① 创建关于"身高"的柱形图表。

② 绘制一个五角星。填充红色，无边。调整大小至合适。

③【对象】菜单|【图表】|【设计】，选择新建设计，重命名"五角星"，点击确定（如图9-20）。

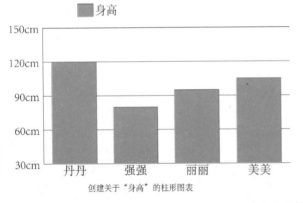
创建关于"身高"的柱形图表

绘制星形

将星形作为图表设计图案

图9-20　自定义图标设计图案

④ 利用选择工具在图表上点击右键|【列】，选择"五角星"，列类型选择默认的"垂直缩放"，点击确定（如图9-21）。

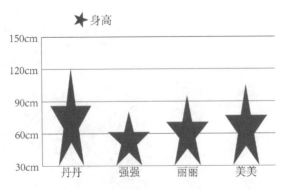

图9-21　将定义图案以"垂直缩放"方式应用到图表效果

⑤ 图表列选择垂直缩放的类型后，图表每一个图例将以单独的一个自定义图形显示，需要对其进行更改。选择工具在图表上点击右键|【列】，再更改列类型为"重复堆叠"，每个设计表示10个单位。这个值不固定，根据显示图形的大小更改单位值（如图9-22）。

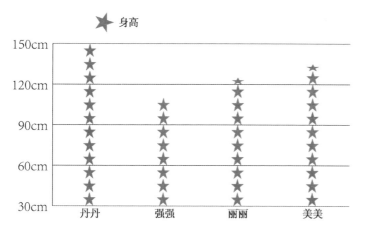

图 9-22　将定义图案以"重复堆叠"缩放方式应用到图表效果

2. 类型二

① 可以打开符号库，任意拖曳一个图案都可以。

② 将图案以类型一的方法存储到图表设计里。

③ 利用选择工具在图表上点击右键|【列】，将图案切换成"新定义的图案"，点击确定即可（如图9-23）。

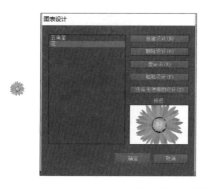
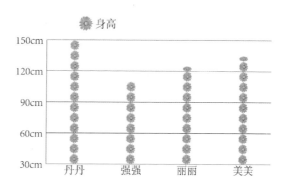

图 9-23　将符号中的图案定义为图表图案效果

第 10 章 作品输出

学习目标：

① 输出页面的设置；

② 画板管理；

③ 文件的输出方法。

采用电脑软件绘制图形的最终目的是将所绘制的图形或编辑的图像进行最终的输出，输出的目的不同，输出采用的方式也不尽相同，往往采用有针对性的输出方式，只有这样才能保证作品的质量。作品输出包括作品页面、作品格式及分辨率的设置等。

1. 输出页面的设置（见第一章详解）

① 默认状态下，在绘制作品前需要按要求尺寸新建文档，新建的文档一般默认是 A4 纸张的大小，可根据实际情况更改宽度和高度的尺寸（如图 10-1）。

② 创建后的文件，可利用【文件】菜单|【文档设置】命令，或快捷键【Alt +Ctrl +P】，来对文件进行编辑（如图 10-2）。点击编辑画板，进入到编辑画板模式，属性控制栏会出现相关参数属性（如图 10-3）。

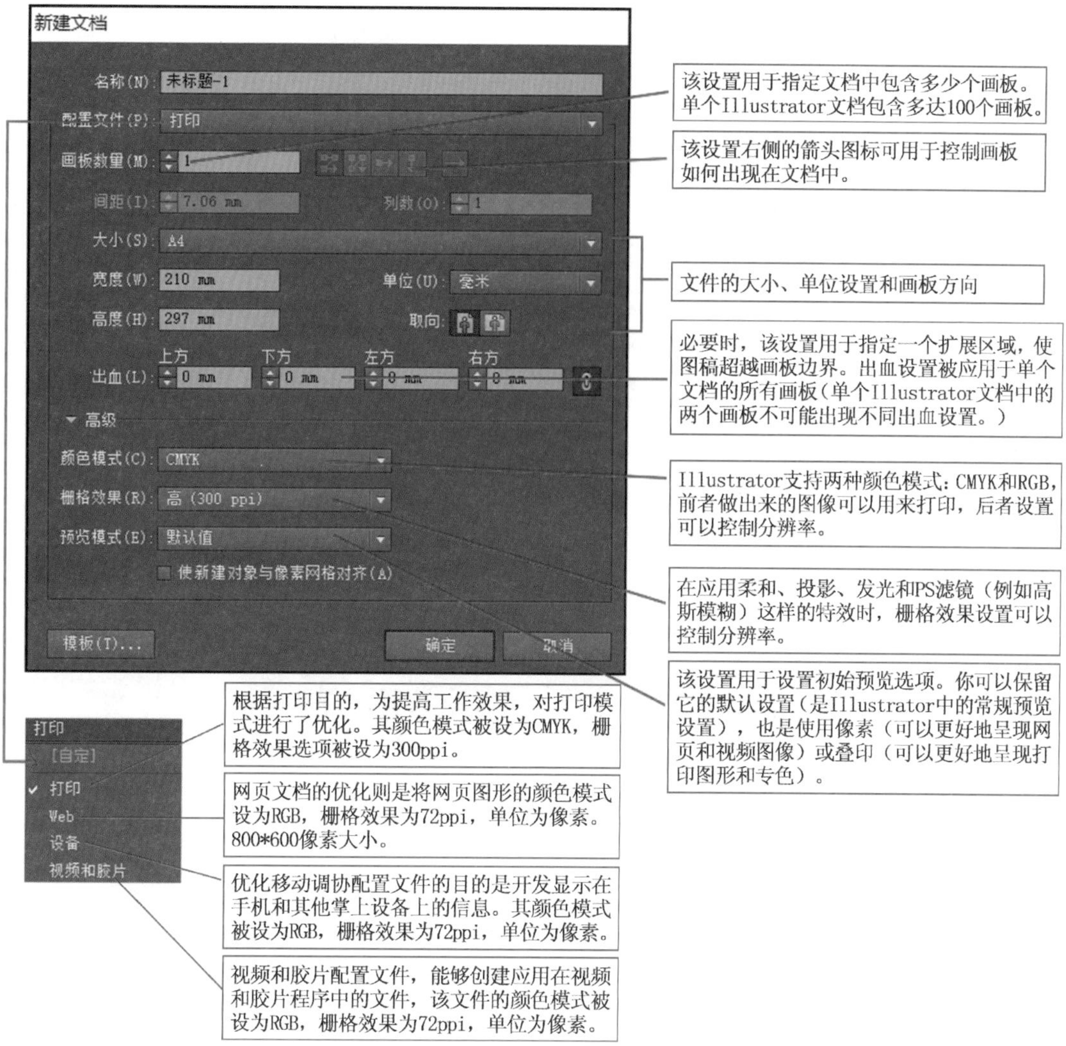

新建文档

名称(N)：未标题-1

配置文件(P)：打印

画板数量(M)：1

间距(I)：7.06 mm　列数(O)：1

大小(S)：A4

宽度(W)：210 mm　单位(U)：毫米

高度(H)：297 mm　取向：

出血(L)：上方 0 mm　下方 0 mm　左方 0 mm　右方 0 mm

▼ 高级

颜色模式(C)：CMYK

栅格效果(R)：高 (300 ppi)

预览模式(E)：默认值

□ 使新建对象与像素网格对齐(A)

模板(T)...　确定　取消

该设置用于指定文档中包含多少个画板。单个Illustrator文档包含多达100个画板。

该设置右侧的箭头图标可用于控制画板如何出现在文档中。

文件的大小、单位设置和画板方向

必要时，该设置用于指定一个扩展区域，使图稿超越画板边界。出血设置被应用于单个文档的所有画板（单个Illustrator文档中的两个画板不可能出现不同出血设置。）

Illustrator支持两种颜色模式：CMYK和RGB，前者做出来的图像可以用来打印，后者设置可以控制分辨率。

在应用柔和、投影、发光和IPS滤镜（例如高斯模糊）这样的特效时，栅格效果设置可以控制分辨率。

该设置用于设置初始预览选项。你可以保留它的默认设置（是Illustrator中的常规预览设置），也是使用像素（可以更好地呈现网页和视频图像）或叠印（可以更好地呈现打印图形和专色）。

打印
[自定]
✓ 打印
Web
设备
视频和胶片

根据打印目的，为提高工作效果，对打印模式进行了优化。其颜色模式被设为CMYK，栅格效果选项被设为300ppi。

网页文档的优化则是将网页图形的颜色模式设为RGB，栅格效果为72ppi，单位为像素。800*600像素大小。

优化移动调协配置文件的目的是开发显示在手机和其他掌上设备上的信息。其颜色模式被设为RGB，栅格效果为72ppi，单位为像素。

视频和胶片配置文件，能够创建应用在视频和胶片程序中的文件，该文件的颜色模式被设为RGB，栅格效果为72ppi，单位为像素。

图 10-1　新建文档面板

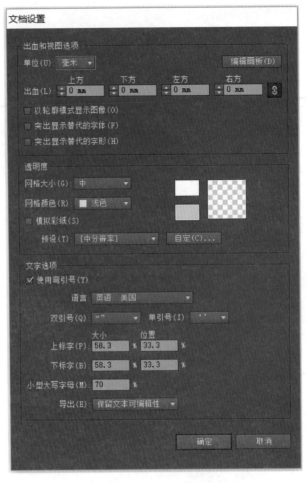

图 10-2　文档设置面板

图 10-3　编辑画板属性控制栏

2．画板管理

① 在预设中可以设置纸张的大小。

② 在 AI 中没有多页的功能，只能多画一些画板。可以按住 Alt 键复制，保持页面一致。

③ 要保持所有画面中的图形一致，如 VI 手册的版式，可以先绘制一个，然后利用对象菜单下的复制功能，"粘贴到画板"来完成，达到所有页面的统一。但是它不算是多页排版，因为多页应该有页码，AI 中没有。它只是模拟一个多页的排版功能。多页应该用 InDesign 这个排版软件，在这个软件中可以设置左主页、右主页、排版的功能。Adobe 公司通过 PS、AI、ID 形成整套的设计。

④ 可以利用状态栏左下角的画板名称进行切换画板来绘制图形（如图10-4）。

图10-4　VI手册的版式制作

3. 输出 PDF 格式的文件

在 AI 中除了存储一些常用格式的文件之外，还可以将多个画板存储成电子文档形式，便于浏览观看。

① 利用上述创建画板和复制画板的方法，在文档中创建多个画板，并创建相关图形，将画板分别编辑页码。

②【文件】菜单|【存储为】命令，在对话框中选择 PDF 格式，输入存储的文件名，选择全部输出，兼容性选择 1.5 即可。

③ 双击打开刚存储的文件，就会一页一页地以电子文档的形式显示画板的内容，但是前提是必须要有 PDF 阅读器，否则存储的 PDF 格式不能打开。

4. 输出 JPG 格式的位图

① 选择【文件】菜单|【导出】命令。

② 选择导出的范围，使用画板、全部、范围，任选其一。

③ 设置品质和分辨率等参数。

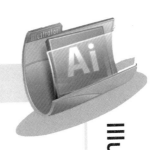

Illustrator 基础与实例

设 计 应 用 篇

第 11 章　AI 在设计中的应用

学习目标：

① 学习掌握招贴广告设计方法和技巧；

② 学习掌握海报设计方法和技巧；

③ 学习掌握 DM 单设计方法和技巧；

④ 学习掌握书籍装帧设计方法和技巧；

⑤ 学习掌握包装设计方法和技巧；

⑥ 学习掌握 VI 手册设计方法和技巧；

⑦ 学习掌握插画设计方法和技巧；

⑧ 通过实际设计案例的制作巩固 AI 软件的基础知识和操作技巧；

⑨ 实现由软件操作知识向实际设计与制作的转化；

⑩ 提高创意与思考，独立完成设计任务的能力。

第 1 节　招贴广告设计

1. 招贴广告设计的要点

招贴（Poster）广告也称"海报""宣传画"，是一种张贴在公共场合，传递信息，以达到宣传目的的印刷广告形式。其特点是信息传递快，传播途径广，时效长，可连续张贴和大量复制。其设计有多种表现手法：

① 色彩：色彩是无声的语言，决定着画面的主调和气氛。在大多招贴作品中，色彩是要慎重使用的，否则会彼此产生干扰甚至误导。对比色和补色的运用尤其会产生强烈的效果，需要合理恰当地运用，以达到良好的效果。

② 版式：版式即版面的样式，在绘画中称为构图。招贴的版式可根据不同的主题内容来选择。在招贴上的标题信息尤其重要，大多放在主体位置，图形根据主题内容放在相应位置。不同的组合方式可以产生不同的气氛，烘托不同的主题。

③ 视觉冲击力：招贴应该以强烈的形式感来感染受众，通过画面吸引观者的眼球，因为强烈的视觉冲击力能给人留下印象。招贴的冲击力强调对比、差异、极简或极繁。

④ 图形表现：图形是视觉传达的重要信息符号和元素之一。图形可以传情达意，起到传达信息的作用。它的信息传递功能不亚于文字，用图形的方式说话会比文字更有趣味和感染力。图像与图形在招贴中起着核心的作用。对于主体图形的创意需要从恰当的概念入手。

2. 项目分析

本实例是针对"绿色环保"主题的公益招贴广告设计，目的是为了宣传保护环境的重要性，以增加大家保护环境的意识，使人们能从生活中的点滴做起，做个保护环境的好市民。

整个画面设计采用简单的图形处理，整体色调以绿色为主，突出视觉效果，体现"绿色环保"的主题，同时主体文字又能充分地传达保护环境之意，发挥积极的引导作用（如图11-1）。

3. 操作步骤分析

本实例重点运用 AI 软件的路径工具绘制和编辑地球

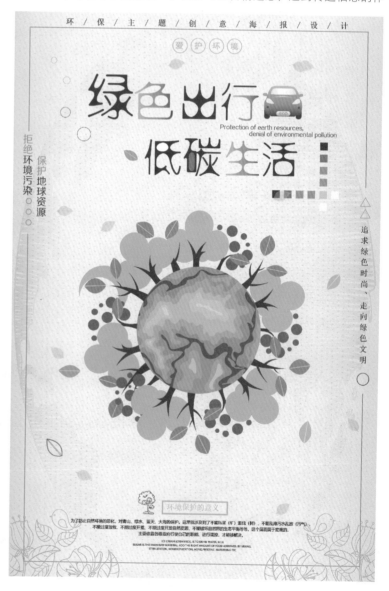

图11-1　保护环境招贴广告效果图

及周围树木的图形效果；利用文字路径修改的方法将主体文字编辑处理成艺术字体的效果；利用符号工具组配合符号面板对辅助的页面图形进行绘制和编辑；对整个画面的排版功能进行处理等。

① 新建招贴广告页面文件尺寸：宽度 =60cm，高度 =90cm。

② 绘制一个页面大小的矩形做背景，填充渐变颜色（如图 11-2）。

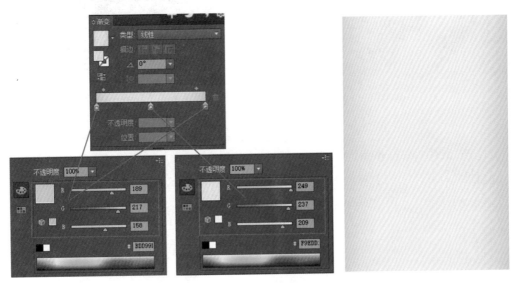

图 11-2　背景渐变参数及效果

③ 再绘制一个页面大小的矩形，填充"三花瓣"图案，并将图案透明度改为 30%（如图 11-3）。

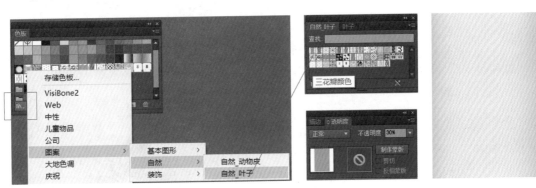

图 11-3　背景图案填充参数及效果

④ 给背景再添加一个手绘地球底纹效果。打开"地球 2"图形，将图形移动到招贴广告中，并将其调整到外边界是整个页面的大小，再在透明度面板中更改模式为"叠加"模式，透明度为 80%；另外，这个地球效果完全可以利用画笔工具自己来绘制（如图 11-4）。

图11-4　背景地球底纹参数及效果

⑤ 打开"图案"图片，利用移动工具将图形移动拖曳到招贴广告文件中，调整合适的大小，放置到右下角，【Ctrl+C】【Ctrl+F】原地复制一个图案效果，打开变换面板，点击右侧下拉菜单，选择水平翻转，将图案镜像处理，并放置到左下角合适位置（如图11-5）。

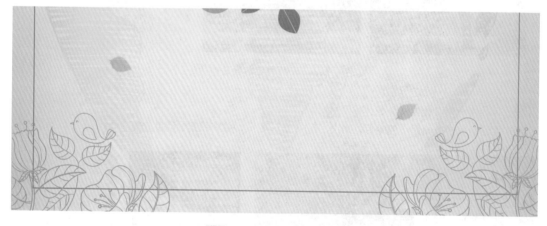

图11-5　下边的图案效果

⑥ 利用圆形绘制工具绘制地球，利用钢笔工具绘制地球的纹理和周围的树木效果，并填充合适的颜色（如图11-6）。

⑦ 输入招贴广告主题文字"绿色出行 低碳环保"，设置"微软雅黑"字体，选中文字，按快捷键【Shift+Ctrl+O】，将字体转换为轮廓，选择直接选择工具，对字体路径的点进行编辑，利用属性控制栏中的参数将相关的尖角点转换为曲线点，并更改字体的颜色（如图11-7）。

图11-6　手绘地球图形的绘制效果

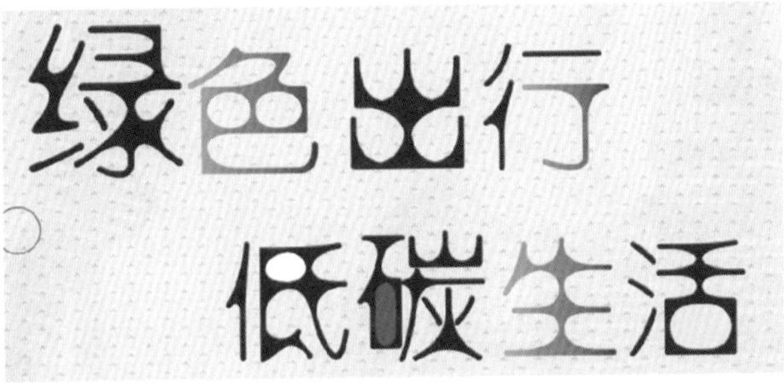

图 11-7　主题文字的创建和编辑效果

⑧ 利用符号工具组配合符号面板，绘制零散的树叶图案。打开符号面板，点击左下角的"符号库菜单"，弹出下拉菜单后选择"自然"，调出自然型符号效果，选择"叶子 3"图形符号，利用符号喷枪工具，在招贴页面中进行绘制符号，利用符号移动工具将符号移动到合适位置，利用符号旋转工具调整符号旋转角度，使符号符合画面效果。

⑨ 打开"车体"图形，将其移动拖曳到文件中，调整合适大小，放在主题文字的右侧空缺位置。

⑩ 利用文字工具，选择合适的字体，进行其他文字的输入、排版。利用图形绘制工具，将画面中相关的图形绘制补充完整。

第 2 节　海报设计

海报是一种信息传递艺术，是一种大众化的宣传工具。海报设计必须有相当的号召力与艺术感染力，要调动形象、色彩、构图、形式感等因素形成强烈的视觉效果；它的画面应有较强的视觉中心，应力求新颖、单纯，还必须具有独特的艺术风格和设计特点。

1. 海报设计要点

海报设计的要素包含以下几点：

① 充分的视觉冲击力，可以通过图像和色彩来实现；

② 海报表达的内容精炼，抓住主要诉求点；

③ 内容不可过多；

④ 一般以图片为主，文案为辅；

⑤ 主题字体醒目。

2. 海报设计的步骤

① 这张海报的目的？

② 目标受众是谁?

③ 他们的接受方式怎么样?

④ 其他同行业类型产品的海报怎么样?

⑤ 此海报的体现策略?

⑥ 创意点是什么?

⑦ 表现手法是什么?

⑧ 怎么样与产品结合?

3. 项目分析及制作流程

本项目案例采用"第五届大学生艺术展演活动"的获奖作品。

本案例是以"理想与信念"为主题的招贴海报设计,设计简单、整洁,重点突出。海报上主体图形采用水果元素,利用水果元素来比喻理想。水果素材的选择大部分都是颜色比较鲜明的常见水果。利用器皿,用它来比喻信念。以这种表现形式来告诉人们要学会对理想的取舍。海报的主题文字,明确地表达了本张海报的主题(如图11-8)。

图11-8 "理想与信念"海报效果图

4. 操作步骤分析

① 在 AI 中，新建一个名为"理想与信念海报设计"文件，宽度 =54cm，高度 =78cm。

② 绘制海报主体图形部分。海报主体图形是由无数多个大小不一的水果罗列而成。首先，选用的素材是带有白色背景的水果图片，在排版时需要去掉白色的背景，其方法有两种：

方法一：在 Photoshop 软件中，对其进行抠图处理，将白色的背景删除，以透明背景的形式存储成 PSD 格式的文件。再在 AI 中打开 PSD 文件，拖曳到海报文件中编辑即可。

方法二：可以利用 AI 中的【图像描摹】功能，来完成抠图处理（如图 11-9）。

| 置入位图 | 嵌入当前位图 | 在属性栏中点击
【图像描摹】|高保真照片 | 高保真照片描摹效果
清晰度不高 |

| 矫正清晰度不高的图片
在描摹结果中选择"源图像"

源图像效果 | 选择属性栏中的【扩展】
图形将以路径的形式显示 | 【对象】菜单|【取消成组】
将白色的背景部分删除 |

图 11-9　图像描摹操作步骤

③ 将碗的图形做抠图处理，调入到海报文件中，调整合适的大小，放置在排列的水果的下方。

④ 利用文字工具输入"理想即寻觅目标的思维，指引我们清楚而有智地规划未来。"文字，字体选择"华文隶书"，字体大小 =24 号字，放置在合适的位置排版。

⑤ 利用竖式段落文本输入右侧说明性文字，居中排版，并更改部分字体的颜色为红色。

⑥ 印章效果的制作。利用矩形工具绘制印章大小的矩形，填充色和轮廓色都设置为红色，印章边缘的效果采用画笔面板中的艺术干画笔笔头效果，添加"理想信念"四个字（如图 11-10）。

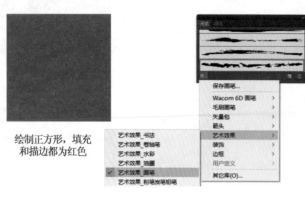

绘制正方形，填充　　　　　　　　　　　　　　　　选择干画笔笔头　　　　　　　将图形应用画笔效果
和描边都为红色

图 11-10　印章制作步骤

第 3 节　DM 单设计

DM 是英文 direct mail advertising 的省略表述，直译为"直接邮寄广告"，即通过邮寄、赠送等形式，将宣传品送到消费者手中、家里或公司所在地，亦有将其表述为 direct magazine advertising（直投杂志广告）。

DM 是区别于传统广告刊载媒体（报纸、电视、广播、互联网等）的新型广告发布载体。传统广告刊载媒体贩卖的是内容，然后再把发行量二次贩卖给广告主，而 DM 则是贩卖直达目标消费者的广告通道。

常见形式有：销售函件、商品目录、商品说明书、小册子、名片、明信片及传单等。

1. DM 单设计要点

① 要了解商品，熟知消费者的心理习性和规律。

② 设计新颖有创意，印刷要精致美观，吸引更多的眼球。

③ 充分考虑其折叠方式、尺寸大小和实际重量，要便于邮寄。

④ 形式无法则，可视具体情况灵活掌握，自由发挥，出奇制胜。

⑤ 图片的运用，多选择与所传递信息有强烈关联的图案，刺激记忆。

2. 项目分析制作流程

本项目参考"平面设计实战从入门到精通"中的案例。

本项目为一房地产公司进行的 DM 单设计，整个设计明确针对房地产进行宣传，其设计简洁、色块分明，便于阅读，同时起到了房地产形象和产品信息的宣传作用。

本例设计的房地产 DM 单，设计新颖有创意，DM 单中图片的运用多选择与所传递信息有强烈关联的图案，从而刺激记忆（如图 11-11）。

本案例重点应用图文排版功能。

图 11-11　房地产 DM 单效果图

3. 操作步骤分析

① 在 AI 中，新建一个名为"房地产 DM 单设计"的文件，宽度 =9cm，高度 =14cm。

② 绘制一个页面大小的矩形，选择渐变工具，点击矩形，添加渐变效果，并调整渐变的角度，起点在上，终点在下，并拖长终点的位置，使渐变更均匀，再打开"渐变面板"渐变条上的颜色，从左到右依次设置为（R：1，G：3，B：13）、（R：32，G：51，B：74），渐变的方向为从上到下，为该图层填充使用线性渐变色，效果如图 11-12。

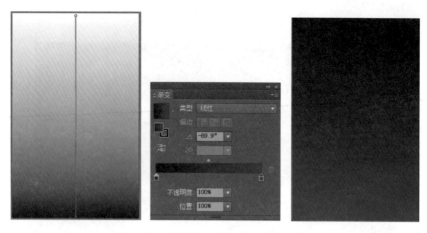

图11-12　背景渐变颜色填充参数及效果

③ 利用矩形工具，在页面上边三分之一处再绘制一个与页面同宽的矩形，然后使用相同的方法和合适的颜色为该图层填充渐变效果（如图11-13）。

④ 打开"透明背景大楼"和"天空"的图片文件，将其拖曳到"房地产DM单设计"操作界面中，调整合适的大小并拖放到合适位置，选中天空图像，打开【不透明度】面板，更改为"颜色减淡"模式（如图11-13）。

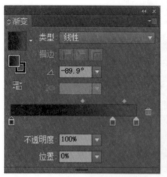

图11-13　③④步骤参数与效果

⑤ 在AI中绘制丝带矢量图形。

在大楼图形的下边绘制与页面等宽的矩形条，利用渐变工具点击矩形条填充渐变颜色，打开渐变面板，更改渐变色条的颜色（如图11-14左）。

选中矩形条，【Ctrl+C】【Ctrl+F】原地复制一个矩形，按住【Alt】键，拖曳矩形定界框"上"或者"下"的中点位置，使矩形上下距离变窄，同上方法填充渐变色，颜色从左到右依次为（R：216，G：196，B：172）、白色、(R：216，G：196，B：172），再使用相同的方法将中间的矩形条向上复制一个，调整合适大小，按【Alt】键再向下拖曳复制一个，放置到合适的位置（如图11-14右）。

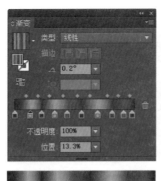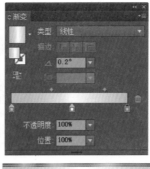

图 11-14　丝带矢量图渐变色参数及效果

⑥ 在整个页面的下方，输入段落文本进行排版。

⑦ 绘制排版的图片。所有的图片都是一个尺寸的，因此，利用顶层建立的功能来完成即可。选择矩形工具，在页面上绘制一个图片大小的矩形，并且填充成白色，根据需要按【Alt + Shift】键复制多个矩形。打开所有需要排版的位图文件，将图片拖曳到"房地产 DM 单设计"文件中，调整位图与矩形差不多大小，再调整图形与参考矩形的顺序，必须保证矩形在上面，找到图片与矩形一一对应的关系，执行【对象】菜单 |【封套扭曲】|【顶层建立】命令，将所有的图片都按照矩形的范围显示（如图 11-15）。

⑧ 绘制建筑剪影图。利用矩形工具绘制多个矩形，并按照关系摆放在合适的位置。再利用【路径查找器】中的差集，将图形进行修剪，得到建筑剪影效果（如图 11-16）。

图 11-15　图文排版效果

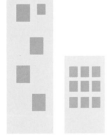

绘制建筑矩形图

利用路径查找器中的差集进行运算

建筑剪影效果

图 11-16　建筑剪影效果

⑨ 输入英文字体，字体的样式和大小需要根据情况自己定。并将字体在外观面板中填充渐变色（如

图 11-17）。

图 11-17　文字填充渐变色效果

⑩ 最后对其进行整体的调整，完成整幅作品的绘制。

第 4 节　书籍装帧设计

　　书籍封面设计是读者对书籍进行初步判断的依据，好的封面设计会引起读者的兴趣，封面设计的优劣与书籍整体设计有着重要的关系。所以封面的构思就显得十分重要，要充分了解书稿的内涵、风格、体裁等，做到构思新颖、切题，有感染力。

1．书籍的基本结构

（1）无勒口书籍封面的结构

无勒口书籍封面由封面、封底和书脊构成（如图 11-18）。

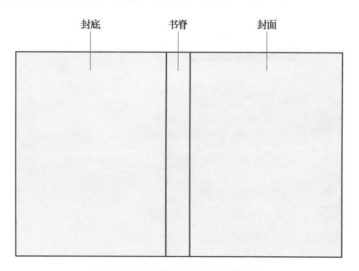

图 11-18　无勒口书籍封面的结构

（2）有勒口书籍封面的结构

有勒口书籍的封面由勒口、封面、封底及书脊构成（如图11-19）。

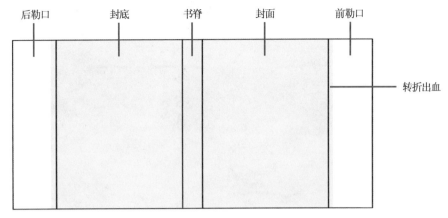

图 11-19　有勒口书籍封面的结构

2．书籍装帧设计要点

（1）宁简勿繁

简洁可使封面设计意图明确，而明确的图形会具有很好的视觉冲击效果。所以要尽量用少的设计元素去营造丰富的画面。

（2）宁稳勿乱

一个封面中的设计元素，只要有一两个是动态的，就能显出很强的动感来。但是如果所有的设计元素都处于不稳定状态，那就是乱，而不是所谓的活泼。

（3）宁明勿暗

封面应尽量采用明快的颜色，明快的颜色给人愉悦的感觉。

（4）阐述清晰

用准确的语言表达意图，用专业语汇、名词和概念来表达书籍的主题，找到和设计者沟通的方法。

3．项目分析及制作流程

本案例选自"2017年第五届大学生艺术展演活动"荣获一等奖的作品。

本案例为"水墨丹青"书籍装帧设计，其设计理念是"心纯净，行至美"。整个设计风格以黑白为主，简洁、明净、大方，以中国水墨画元素的图片作为配图，彰显主题，抓住和突出了书籍主体内容。

本案例制作内容包括封面、封底、内页、书签等。

（1）封面和封底的制作

用最简单、最干净的白色为背景。以一泼墨在水中晕染开来的形象作为主要图案呈现，泼墨留白，体现中国传统文化的隽永飘逸、潇洒豪迈。字体主要采用的是淡斋草书，草书也是古代的一种毛笔字体，具有浓厚的文化气息，同时又有一种洒脱不羁的风格，正与泼墨表达的主题相符。另外，"文化"两字加了暗红色的背景，突出强调了"文化"二字，抛弃了色彩明亮的中国红，采用的是颜色较深偏暗的复古红，在黑白之间起到了点睛之笔的作用，封面效果如图11-20所示。

图11-20 封面和封底效果

操作步骤分析：

① 新建名为"水墨丹青书籍封面和封底"的文件，参数如图11-21所示。

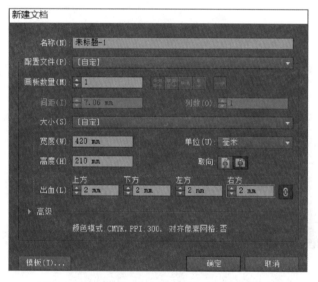

图11-21 水墨丹青书籍封面和封底画板参数

②【Ctrl+R】打开标尺，在竖向标尺中拖曳出一条垂直的辅助线，使其置于水平标尺210mm处，将封面和封底分开进行设计，但同时还要兼顾整体效果。

③ 在AI中，打开"水墨1"PSD格式的图片素材，将其拖曳到"水墨丹青书籍封面和封底"创建的页面中进行排版。再复制素材图片，利用剪切蒙版的功能截取水墨中的一部分，在封底页面进行排版。为了提高实践技能，可以根据实际需要对书籍进行创意制作，其制作的效果可以与实例效果有差异。

④ 输入封面主题文字"水墨丹青"，字体主要采用的是"淡斋草书"，颜色为黑色。如果电脑中没有这个字体，可以选择其他字体替代或在网络中下载安装即可。

⑤ 输入封面文字"中国传统文化"，将字体设置为"行楷"，将"文字"两字的颜色设置为白色，其他字为黑色。

⑥ 为了衬托突出"文化"两字，添加了圆形的暗红色背景，抛弃了色彩明亮的中国红，采用的是颜色较深偏暗的复古红，颜色值为（C：39，M：100，Y：100，K：4）。其操作方法是利用圆形绘制工具绘制字体大小的圆形，并填充红色即可，置于文字的底层。

⑦ 利用直排文字工具输入段落文本的方法，输入封底排版文字"空山新雨后/天气晚来秋/明月松间照/清泉石上流/竹喧归浣女/莲动下渔舟/随意春芳歇/王孙自可留"，字体主要采用的是"淡斋草书"，颜色为黑色，字体大小是 24 号。

⑧ 将整体效果进行统一调整，完成书籍封面和封底的制作，效果如图 11-20 所示。

（2）书籍内页的制作

书籍内页的主要文字内容分别是对我国传统水墨画的艺术特征、技法、绘画特点、传统绘画几个方面进行简要的介绍。水墨画是国画的代表，其历史悠久，文化内涵更是渊远流长，其形式有很多种，色彩变化技巧更是博大精深；所有的图案都是用水墨最初的、最原始的黑色山水、白色背景。但每页又都有一笔红色作为点睛之笔，与封面相呼应，效果如图 11-22 所示。

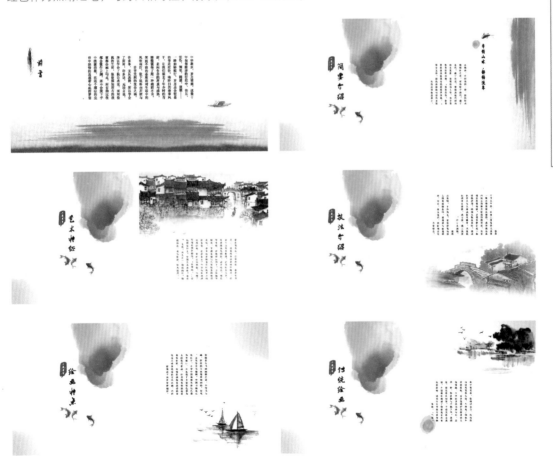

图 11-22 "水墨丹青"书籍装帧内页设计效果

操作步骤分析：

① 所有页面中的图形，与封面制作的方法相同，将图片素材调入之后，调整合适的大小和角度即可。

② 文字内容中的字体采用宋体，字体的大小设置为 10 号字。利用直排文字排版工具输入段落文本，并设置对齐方式。

③ 每页当中的一笔红色，是利用艺术画笔效果来绘制的。可以通过两种方法来绘制：

方法一：利用 AI 软件中的画笔笔刷来绘制；

方法二：利用 PS 软件中的画笔笔刷来绘制。

在 AI 中默认的笔刷效果没有 PS 多，且没有 PS 中绘制的笔刷真实，因此要想得到较好的效果，可以借助于 PS 软件来绘制，再到 AI 中编辑即可（如图 11-23、图 11-24）。

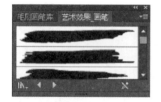
AI软件绘制笔刷效果

图 11-23　AI 画笔笔刷效果

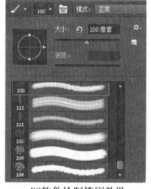
PS软件绘制笔刷效果

图 11-24　PS 画笔笔刷效果

（3）书签的制作

书签的制作是以黑白色彩构成主要画面，红色是点睛之笔。"山水之间"四字对应山水图案，同时又是表达一种人与山水之间的联系与情感，效果如图 11-25 所示。

图 11-25　书签效果图

操作步骤分析：

① 新建"水墨丹青书签"文件，参数宽度 =5cm；高度 =300cm。

② 书签页面中的图形，与封面制作的方法相同，将图片素材调入之后，调整合适的大小和角度即可。

③ 文字内容中的字体采用"书法"字体，字体的大小设置为 8 号字。利用直排文字排版工具输入段落文本，并设置对齐方式。

④ 印章部分的制作，同样利用画笔面板，配合路径描边来完成（如图 11-26）。

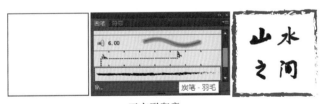

正方形印章

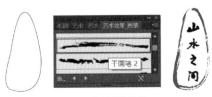

不规则形印章

图 11-26　印章制作参数

（4）"水墨丹青"书籍装帧设计整体效果（如图11-27）

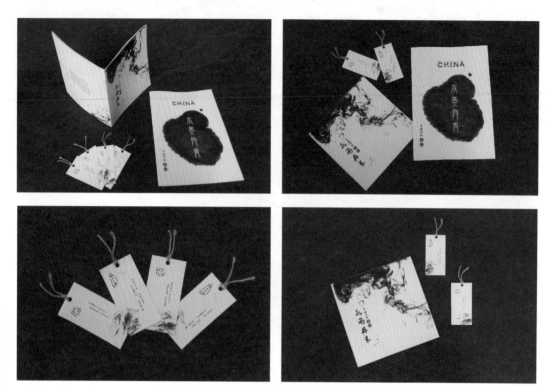

图11-27　"水墨丹青"书籍装帧设计成品效果

第5节　包装设计

包装设计是指对制成品的容器及其他包装的结构和外观进行的设计，是视觉传达设计中的一部分。任何产品商品化后都需要包装设计，包装是现代商品生产、储存、销售和人类社会生活中不可缺少的重要组成部分。

包装设计是以商品的保护、使用、促销为目的，将科学的、社会的、艺术的、心理的诸要素综合起来的专业技术和能力，其内容主要有造型设计、结构设计、装潢设计。

1. 包装设计要点

① 包装造型设计：造型设计是运用美学法则，用有型的材料制作，占有一定的空间，具有实用价值和美感效果的包装型体，是一种实用性的立体设计和艺术创造。

② 包装结构设计：包装结构设计是从包装的保护性、方便性、复用性、显示性等基本功能和生产实

际条件出发，依据科学原理对包装外形构造及内部附件进行的设计。

③ 包装装潢设计：包装装潢设计不仅旨在美化商品，而且积极能动地传递信息、促进销售。它是运用艺术手段对包装进行的外观平面设计，其内容包括图案、色彩、文字、商标等。

④ 包装的适应性：包装的适应性是指包装在设计上应适应产品的特点、属性和销售对象。包装设计既要符合本民族的风格特色，又要适应世界潮流。

⑤ 包装的服务性：包装必须服务于消费者。一般的商品包装上，凡是消费者需要了解的内容都需一一标注，增加商品的可信赖性。

⑥ 包装的功能性：总体看来包装具有容纳、保护、传达、便利、促销和社会适应六个方面的功能，其中最主要的是以下三种功能：保护功能、促销功能、便利功能（方便储藏和运输）。

2．项目分析及制作流程

本案例选自 2017 年学生包装综合创作作品。

本案例是针对糕点进行的包装设计，整个设计作品，从外包装到内部细节，重在体现文化，将两种感觉加以重合、叠加，形成视觉关系的认同。

整个作品以礼盒的形式出现，必然要迎合消费者的消费心理，要给人一种强烈的艺术感染力，富有内涵，耐人回味，力求将中国传统文化与现代艺术完美结合。要体现中国传统文化和现代文化，糕点包装就必然离不开中国风的元素——色彩、文字、图像、图形，这些都是糕点包装设计中涉及的中国风元素。

糕点包装设计中既需体现民族文化的色彩风貌，更需在据用传统特色的物品上，运用传统图案使其更具有感召力，效果如图 11-28 所示。

图 11-28　包装整体效果图

（1）内包装

设计理念分析：

包装整体为红色、黄色、棕色、蓝色，深色系容易让人联想到秋天，使人联想到丰收、成熟，从而引起消费者购买的行动。消费者购买糕点类产品时，大多会对大面积暖色调包装的商品感到满意。内包装的标贴与内包装呈暖色对比，正面整体布局比较饱满，但不显拥挤，整体感觉温馨（如图11-29）。

图 11-29　糕点内包装标签效果

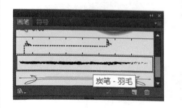

图 11-30　矩形描边参数及效果

操作步骤分析：

① 新建名为"茶食刀切内包装标签"的文件，尺寸为宽度 =2.5cm，高度 =10cm。

② 在页面内精确绘制矩形，选择矩形工具在页面内点击，弹出矩形面板，输入宽度 =2cm，高度 = 9.5cm，将矩形填充颜色（C：35，M：16，Y：28，K：0），描边为黑色。

③ 将矩形描边应用艺术画笔效果（如图11-30）。

④ 打开"国画1、国画2"素材图片，将图像拖曳到"茶食刀切内包装标签"文件中，将其放到合适的位置，并调整大小和角度。

⑤ 印章的制作方法同"第四节"所述的制作方法，在上边输入"蘸祇"，字体为"隶书"。将两者成组，再复制一个，利用变换面板中的下拉菜单垂直翻转命令，将图形翻转，放置到合适位置，并调整大小。

⑥ 输入"茶食刀切"主题文字，字体采用"书法"字体。

⑦ 对整体图形进行位置和大小的调整，达到视觉的统一，完成标签的制作，效果如图11-31所示。

⑧ 其它的三种标签效果与"茶食刀切内包装标签"制作方法一致。

图 11-31　茶食刀切内包装标签效果

(2) 外包装

外包装整体颜色应与该内包装的整体颜色相同，都是中国风古典深色系。采用了瓦楞纸增添质感；外表贴纸采用了中国国画写意中常用的花、鸟、鱼进行组合，突显中国韵味。画面中鸟与鱼相呼应，活灵活现，在尊重古典美的同时，画面又不失灵动。

商品挂签与系绳挂签采用黑白作为主色系，避免了与商品主体撞色而产生的视觉冲突。背景采用荷花作为底色，使画面缓和稳重的同时也不显单调，为设计作品整体增加了古典韵味。效果如图11-32所示。

图11-32　外包装标签效果图

① 新建名为"糕点外包转标签"的文件，尺寸为宽度=20cm，高度=20cm。

② 选择矩形工具，在页面内精确绘制矩形，尺寸为宽度=10cm，高度=10cm。填充白色，无描边，得到矩形1。利用对齐面板将图形与页面中心对齐。

③ 再在页面内精确绘制矩形，选择矩形工具在页面内点击，弹出矩形面板，输入宽度=9.5cm，高度=9.5cm，将矩形填充渐变颜色，从左到右依次为（C：9，M：15，Y：24，K：0）、（C：17，M：26，Y：31，K：0），无描边，打开【不透明度】面板，将不透明度值设置为80%，得到矩形2，渐变及透明度参数如图11-33所示。

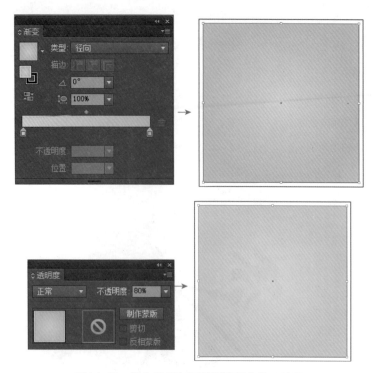

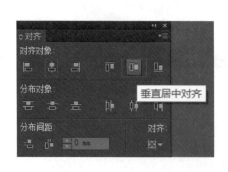

图 11-33　渐变面板和不透明面板参数及效果

④ 利用对齐面板将矩形 1 与矩形 2 居中对齐（如图 11-34）。

图 11-34　对齐参数及效果

⑤ 打开"国画 3""国画 4"图片文件，将其拖曳到"糕点外包装标签"的文件中，调整大小、角度等，并放置在合适位置。

⑥ 利用直排文字工具输入主题文字"贡膳"，设置合适的字体和字号，颜色为黑色。在【变换命令】面板中，旋转角度设置为 45 度，将字体旋转 45 度。

⑦ 对整体图形进行位置和大小的调整，完成外包装标签的制作。效果如图 11-32 所示。

第6节 VI 设计

VI 即"Visual Identity",被称为视觉识别系统,是 CI 系统的外表形象。它是一种在企业经营理念、战略范围和经营目标的支配下,运用视觉传达方法,通过企业识别的符号,来展示企业独特形象的设计系统。视觉识别系统包括基础系统和应用系统,在基本设计系统中又以标志、标准字体、标准色为其核心,标志是其核心之核心。好的视觉识别系统,是传播企业经营理念,建立企业知名度,塑造企业形象的重要途径。

1. VI 设计要点

① 原创性原则

VI 设计的标志必须保证原创性,否则涉及侵权。

② 系统性原则

企业的 VI 策划是一项系统工程,要包含企业在经营理念、营销策略、经营目标、公共关系等多领域的视觉体现。

③ 可操作性原则

④ 整体性原则

要全盘打算,整体考虑,保证各个环节内容的和谐统一。

⑤ 调适性原则

企业的 VI 策划内容要随着时代背景的变化,市场、企业、消费者的变化即时进行调整。

⑥ 前瞻性原则

要求设计者要有敏锐的时代意识和超前意识,既要能根据实态调研的基础预感到企业未来的发展状况,同时还要意识到未来世界视觉审美的状况。

⑦ 法律性原则

VI 设计时应充分符合国家的商标法、知识产权法等法律规范。

还要运用法律所赋予的权利对侵权行为给以坚决的回击,以保护自己的形象不受侵犯。

⑧ 艺术性原则

2. 项目分析

本案例以某培训机构制作的一套 VI 手册为例进行说明。

整个标志以机构名称及行业特点为出发点,从艺术的角度,提炼"苹果"和"翻开的书籍"图形元素,以圆形为主,结合"红苹果作文"的中英文构成。整个标志以红色为主,配有绿色,红色代表红苹果，体现主题；绿叶代表着机构的生命力和青春的活力。

在实际的应用中，通过企业标志、标准字体和标准图形的组合方式，在一切办公用品上注入企业形象视觉识别要素，可以达到传播信息的作用。

在本实例的绘制过程中，主要包括 VI 版面的设计、标志设计、标志的标准化制图、标准字的设计、标准色的设计、标志与标准字的组合规范、象征图形和 VI 应用系统的设计（如图 11-35）。

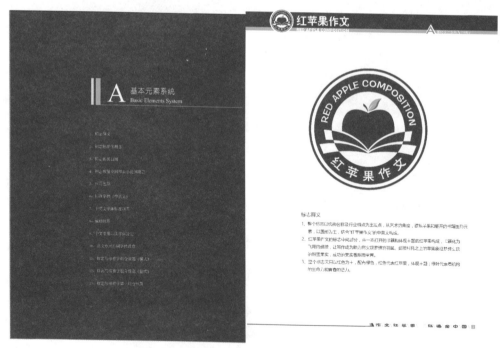

标志最小使用高度为15mm

标志的标准制图经过精密的绘制与校正修改，通过本方格制图法，可以了解识别掌握企业标志的整体空间结构、造形比例等相互关系，并可依据此测制量刷出较大的标准形态的标志。

主要用于制作胶片、小件物件、标志牌、尼龙外观等，无法使光负片放大的大型尺寸的精密绘制。标志图形变体化率大系已定位经过精密的绘制与校正修正，制作时须以测试标准像等放大、缩小、复制。

无论在什么样的场合，使用时间、及使用方式，均应按此制作标准制作标志，以作之为为监制及验收的标准。

标志在使用时，为保证其特征与识别性，我们规定了最小预留空间规范，不可有其他图形进入，在实际使用中，a的尺寸可任意限定，制作与使用单位须将此制图作为为监制及验收的标准。

标志的最小使用范围：单独使用时高度最小15mm（特殊情况下最小不小于10mm）

标准颜色

辅助颜色

红苹果作文
红苹果作文

RED APPLE COMPOSITION
RED APPLE COMPOSITION

色彩在识别系统中是超越一切形态而为之的个性特征，它调有效地区分与强调企业形象的差别性与企业个性，并充分大度、宽度划一，达到整体上统一形象突现的增强效果。在使用过程中，请按标准数据使用，不得擅自更改。标准色是象征企业精神与企业文化的重要区素，表达视觉传达个性诉求功能。

企业的标准字体，是塑造企业整体形象，经洗企业视别导引中开发出的又一种重要组成部分，它在企业上具有独特性且有标志的不可更改性。

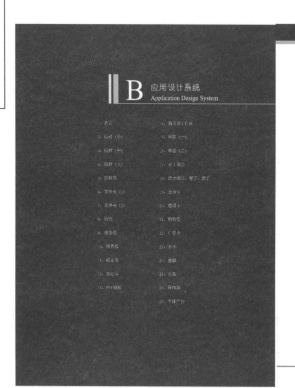

Illustrator 基础与实例

信封是企业日常办公、对外交流中频繁使用的物品，是信息传递的重要载体。为体现红苹果作文正确的视觉形象，避免信封在使用中混乱，为企业依据国家标准进行了中文信封的设计。信封的基本元素，采用统一的比例和规格，基本格式高按照标准执行，在实际制作中英严格遵守，若与邮电部门的规定相冲，请在保持设计规范的情况上，则按最新规定修正。

企业内部事务用品体现企业文化，增进大家对CI活动的理解，建立员工的依赖感和参与意识。资料袋是企业日常办公、对外交流中频繁使用的用品，是信息传递的重要载体。为体现红苹果作文正确的视觉形象，避免资料袋在使用中的混乱，本节对资料袋进行了设计，在实际制作中应严格遵守。

企业内部事务用品体现企业文化，增进大家对CI活动的理解，建立员工的依赖感和参与意识。文件夹是企业日常办公、对外交流中频繁使用的用品，是信息传递的重要载体。为体现红苹果作文正确的视觉形象，避免文件夹在使用中的混乱，本节对资料袋进行了设计，在实际制作中应严格遵守。

企业内部事务用品体现企业文化，增进大家对CI活动的理解，建立员工的依赖感和参与意识。信笺是企业日常办公、对外交流中频繁使用的用品，是信息传递的重要载体。为体现红苹果作文正确的视觉形象，避免信笺在使用中的混乱，本节对资料袋进行了设计，在实际制作中应严格遵守。

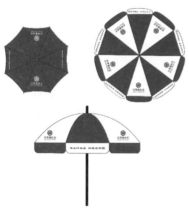

图 11-35　本实例最终完成效果

Illustrator 基础与实例

3. 操作步骤分析

（1）标志设计

① 选择圆形工具，绘制 4 个圆形，从大到小精确的尺寸分别是（宽度 =100，高度 =100）、（宽度 = 95，高度 =95）、（宽度 =90，高度 =90）、（宽度 =65，高度 =65）；将外边的两个大圆选中，打开路径查找器，选中差集，将圆形进行相减；再将里面的两个小一点的圆选中，同样选中差集，将中间的小圆减掉，最后得到两个圆环，全部选中，改为红色（C：15%，M：100%，Y：90%，K：10%），标志外形效果如图 11-36 所示。

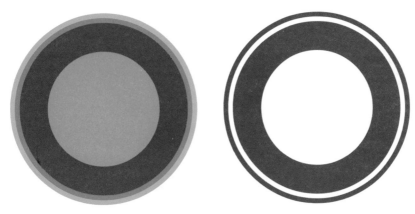

图 11-36　标志外形的绘制

② 绘制中间的"苹果和书"的造型，利用钢笔工具，结合直接选择工具编辑路径的点，进行绘制。绘制完成的苹果造型，填充红色，将绘制的叶子填充绿色，上边绿叶（C：50%，M：0%，Y：100%，K：0%），绿叶阴影颜色（C：55%，M：0%，Y：100%，K：44%）。

③ 绘制书的造型与圆环相交的镂空部分。将书的造型全部选中，【Ctrl+C】【Ctrl+F】原地复制，执行【对象】菜单 |【成组】命令，再将与之相交的圆环选中，打开路径查找器，选中差集，将两个图形相减，使其挖空。

④ 为了使中间的书形与圆环相交地更严密，需要将书形与最小的圆做交集，交集后留下来的图形正好与挖空位置吻合。操作方法是：

需要利用圆形工具，绘制一个宽度为 60，高度为 60 的圆形，将这个圆与圆环全部选中，打开【对齐】面板，选中关键对象对齐方式，与圆环水平中心、垂直中心对齐。

需要将书形制作复合路径（【对象】菜单 |【复合路径】|【建立】），否则交集有问题，得不到想要的效果。

选中圆形和复合后的书形，在路径查找器中做差集运算，得到标志整体图形造型效果（如图 11-37）。

图 11-37　标志中心苹果和书形的绘制

⑤ 绘制文字部分。文字是沿着圆形进行排列的，因此要利用路径文字工具来绘制。首先，绘制一个圆形，尺寸是：宽度 =65，高度 =65；无填充，黑色描边效果，并利用【对齐面板】将其与圆环水平居中、垂直居中对齐。其次，选中路径文字工具，将光标放在路径的合适位置上点击，输入文字"RED APPLE COMPOSITION"，利用移动工具拖曳起始点的位置，将文字移动到整个圆环居中合适的位置（如图 11-38）。

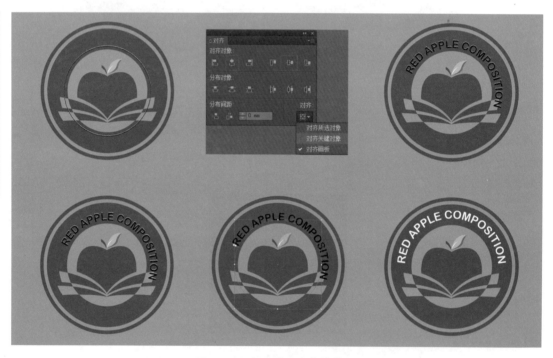

图 11-38　标志英文字体的绘制

⑥ 再绘制一个圆形，尺寸是：宽度 =85，高度 =85；无填充，黑色描边效果，并利用【对齐】面板将其与圆环水平居中、垂直居中对齐。其次，选中路径文字工具，将光标放在路径的合适位置上点击，输入文字"红苹果作文"，此时，文字还是在上方，顺时针排列，要想将文字在圆环下方逆时针排列，需要选择【文字】菜单 | 路径文字 | 路径文字选项，勾选翻转文字，即可将文字翻转并按逆时针方式排列（如图 11-39）。

图11-39　标志中文字体的绘制

⑦ 为了达到在标志应用的效果，将标志文字部分挖空。操作方法是：

选中英文字体并点击右键，选择创建轮廓命令，将文字转曲。将英文字体与圆环全部选中，打开路径查找器，选中差集运算方式，即可完成英文字体挖空效果。

选中中文字体，同样方法将其转曲，这时如果直接将中文字体与圆环选中，执行差集运算，会出现错误，因为圆环已经与英文字体执行过一次差集运算，再次执行就会出现这样的错误。解决的方法是：已经挖空英文的圆环，执行【对象】菜单 | 【复合路径】 | 【建立】，将圆环重新建立复合路径，再进行差集运算就没问题了（如图11-40）。

图11-40　标志中文字挖空效果

(2) 基础系统的设计

基础系统除了标志的相关设计之外，还包括标准字体的设计、标准色的设定、标志与标准字体的组合规范、标志与标准字体的禁止组合规范、印刷字体、象征图形等。其中象征图形的设计是重点，它在应用系统中应用比较频繁，也是 VI 手册中的统一元素。

本案例中的象征图形有几种形式，但创作思路都是来源于标志造型元素，进行再设计，从而辅助标志传递信息，本案例象征图形效果如图 11-41 所示。

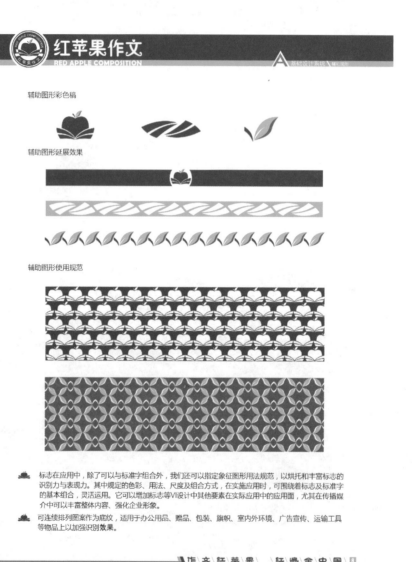

图 11-41　象征图形整体效果

① 从标志中提炼象征图形的元素（如图 11-42）。

图 11-42　象征图像效果

② 象征图形延展效果的绘制。将提炼的象征图形元素以不同的方式进行排列组合（如图 11-43）。

绘制矩形和圆形

利用路径查找器中的差集，将中间圆形部分挖空

将苹果象征图形旋转到挖空的位置，并调整合适大小

单一象征图形元素

按住【Alt】键拖曳复制，【Ctrl+D】再制一行

绘制矩形做底，并将原来的图形更改为白色

将单一的象征图形同上方法进行复制

图 11-43　象征图形延展效果制作方法

③ 象征图形使用规范。在 VI 手册应用系统的制作中，经常会用到单一象征元素大量的重复排列，形成一个面，这种效果常用于办公事务用品的封面、礼品包装的设计等（如图 11-44、图 11-45）。

 1. 单一象征图形元素

2. 复制的方法，复制一行

3. 再将一行图形全部选中，向下复制一个面，两侧尽量排满

4. 绘制一个矩形，填充红色，将其放置在象征图形之下，用于做图形底纹。按住【Alt】键拖曳复制一个矩形，放在象征图形之上，再将象征图形全部选中，执行【对象】菜单|【剪切蒙版】|【建立】命令，用于制作剪切蒙版。

图 11-44　象征图形使用规范一

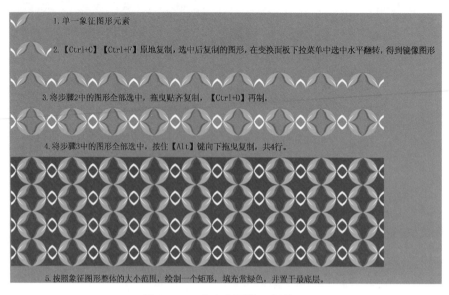

1. 单一象征图形元素

2.【Ctrl+C】【Ctrl+F】原地复制，选中后复制的图形，在变换面板下拉菜单中选中水平翻转，得到镜像图形

3. 将步骤2中的图形全部选中，拖曳贴齐复制，【Ctrl+D】再制。

4. 将步骤3中的图形全部选中，按住【Alt】键向下拖曳复制，共4行。

5. 按照象征图形整体的大小范围，绘制一个矩形，填充常绿色，并置于最底层。

图11-45　象征图形使用规范二

（3）应用系统的设计

VI手册应用系统包括办公事务用品、服装、车体、礼品、包装、广告等，其在设计中主要是VI基础系统在各个部分的设计应用，重点掌握象征图形的应用技巧。此部分以邀请函为例，学习利用软件进行应用系统设计的技巧。

邀请函是企业对外宣传，传播企业形象的重要载体，有利于红苹果作文的传播。创意设计及其版式、布局可以灵活多样，但是其形象标识务必规范使用，以传达其视觉形象（如图11-46）。

内页效果　　　　　　　　　外页效果　　　　　　　　整体合页效果

图11-46　邀请函整体效果

操作步骤分析：

① 利用矩形绘制工具绘制矩形，宽度 =75mm，高度 =38mm（见图11-47中的图①）。

② 在矩形下边的中间加一个点，两侧分别对称地加两个点，并利用直接选择工具选择刚加完的三个点，将点的类型更改为曲线点，并按住【Alt】键，调整点的控制把柄，这样可以单独控制点的一侧把柄，进行造型上的调整，填充颜色（C：12%；M：0；Y：8%；K：0），调整效果（见图11-47中的图②）。

③ 选择圆角矩形绘制工具，在页面中点击，调出矩形参数面板，宽度 =75mm，高度 =45mm，圆角 =

3，填充红色（C：0；M：100%；Y：100%；K：0），无描边。并将调整的造型与圆角矩形同时选中，利用对齐面板，选择对齐类型为"对齐选择对象"，顶对齐，水平居中对齐（见图11-47中的图③）。

④ 选择图②，【Ctrl＋C；Ctrl＋F】原地复制一个图形，打开【变换】面板，将参考点设置在上边中点的位置 ，选择面板下拉菜单中的垂直翻转，将图形镜像，再利用键盘微调的方式，按向上箭头键移动四个像素，得到图11-47中的图④。

① ② ③ ④

图11-47

⑤ 制作翻页边缘效果。选择图11-47中的图④上边的图形，【Ctrl＋C；Ctrl＋B】原地复制、粘贴到后面，并将其拖高，两个图形交叉的部分是留出的边缘的大小，再选择图11-47中的图④上边的图形，再次执行【Ctrl＋C；Ctrl＋B】命令，原地复制、粘贴到后面，按住【Shift】键，将上边两个图形全部选中，打开路径查找器，选择差集，得到翻页边缘效果（见图11-48中的图⑤）。

⑥ 选择红色的圆角矩形，【Ctrl＋C；Ctrl＋B】原地复制、粘贴到后面，双击缩放工具，打开缩放工具对话框，等比参数设置为105%，将图形等比例放大。并利用移动工具拖曳上边中间的控制点向上拖曳，与上边图形的翻页边缘对齐（见图11-48中的图⑥）。

⑦ 红色的圆角矩形与绿色的边缘对齐之后有个缺口，需要利用点的修改来修改造型（见图11-48中的图⑦）。

⑧ 翻页边缘制作方法同理，绘制图11-48中的图⑧中下面的绿色底纹造型效果。

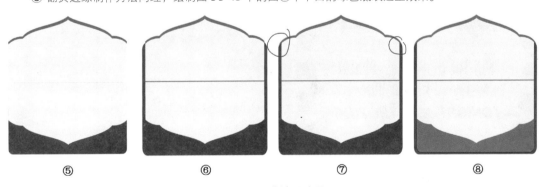

⑤ ⑥ ⑦ ⑧

图11-48 邀请函步骤图

⑨ 打开之前制作的象征图形使用规范，见图11-49中的图⑨。将图案与图形的位置对应放置好，选择作为显示范围的图形，将其置于顶层，然后将图案和该图形全部选中，执行【对象】菜单|【剪切蒙

版】｜【建立】，将图案以图形的范围进行显示，见图11-49中的图⑩。

⑩ 将标志和标准字的组合规范应用到邀请函中，并更改颜色和大小，输入页面文字，见图11-49中的图⑪。

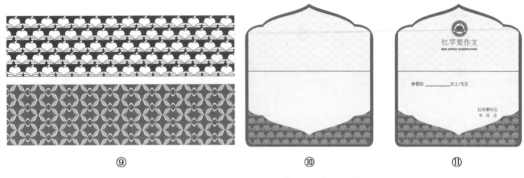

⑨ ⑩ ⑪

图11-49 象征图形使用规范在邀请函中的应用

外页效果与整体合页效果与内页的绘制方法相同，可尝试制作。

第7节 插画设计

图11-50 插画效果图

插画又叫插图，就是用来解释说明一段文字的画。简单地说来，"插画"就是报纸、杂志或儿童图画书的文字间所加插的图画。

插图设计作为现代设计的一种重要的视觉传达手段，以其直观的形象性、真实的生活感和美的感染力，在现代设计中占有特定的地位，已普遍用于从广告设计、商品包装到书籍装帧、宣传样本、展示设计等现代设计领域的各个方面。

插画设计要点：① 直接传达消费需求；② 符合大众审美品位；③ 夸张强化商品特性。

本实例针对马戏团进行插画设计，设计风格定位为轻松愉快，在色彩的运用上采用鲜明的红色，从而引人注目，以小丑人物和气球元素直观地营造了欢乐的氛围，完美地宣传了马戏团的活动，插画效果如图11-50所示。

制作流程:

① 新建名为"马戏团插画"的文档,宽度 =10cm,高度 =14cm。

② 选择多边形工具,点击拖曳绘制的同时按键盘上的向下箭头键,调整多边形的边数为三条边,再配合【Shift】键,绘制正三角形。

③ 选择三角形,打开变换面板,在面板下拉菜单中选择垂直翻转,将三角形的尖角向下,并将其拖曳拉长。

④ 选中三角形,填充渐变颜色,从左到右的渐变颜色为 (R: 123; G: 0; B: 0),(R: 197; G: 0; B: 0),见图 11-51 中的图①。

⑤ 选中三角形,双击旋转工具,按住【Alt】键,拖曳定界框的中心点到三角形的下边的尖角点处,松开鼠标后弹出对话框,输入角度为 10 度,点击复制,再按【Ctrl+D】再制,复制一周,见图 11-51 中的图②。

⑥ 全选复制的这些图形,按住【Alt+Shift】键等比例放大,使图形充满整个页面,见图 11-51 中的图③。

图 11-51　马戏团插画绘制过程

⑦ 绘制页面大小的矩形，将所有图形全部选中，执行【对象】菜单 | 【剪切蒙版】 | 【建立】，将射线图形以页面范围进行显示，见图 11-51 中的图④。

⑧ 以页面中心，绘制矩形，填充白色，黑色描边，描边的粗细为 8pt。利用添加锚点工具在矩形的上下左右中点处各加一个点，将一周点都选中，在属性控制栏中更改点的类型为曲线类型，并利用直接选择工具，更改点的造型形态，见图 11-51 中的图⑤。

⑨ 选中更改完的图形，执行对象菜单 | 扩展，将填充和描边进行分解，并将边转为填充形式的图形，再执行对象菜单 | 取消编组，将边单独独立。并单独选中边，为边填充渐变颜色，见图 11-51 中的图⑥。

⑩ 选择钢笔工具，在一个新的页面绘制小丑头部的大致轮廓线，如图 11-51 中的图⑦。

⑪ 依次选择所绘制的小丑头部各个部件，设置头发，眉毛和胡子部分的颜色为（R：35；G：24；B：21），鼻子的颜色为（R：165；G：12；B：19），眼睛的颜色为（R：31；G：32；B：32）。

⑫ 选中小丑的面部轮廓，利用渐变工具填充渐变颜色，从左到右的顺序是（R：248；G：217；B：189），（R：242；G：195；B：164），（R：237；G：174；B：139）。

⑬ 最后使用相同的方法完成耳朵部分和面部阴影的绘制，以及其他部位的颜色的填充。

⑭ 选择钢笔工具，绘制小丑身体部分和手的大致轮廓线。并利用渐变工具将其填充渐变颜色。

⑮ 将背景和小丑的图形进行组合，并在中间空白区域，输入主题文字，制作文字特效。这里的文字效果，可以利用 Photoshop 软件进行制作，再转到 AI 中进行编辑。

附表　Illustrator 快捷键

类别	序号	名称	快捷键
工具箱 (多种工具共用一个快捷键的,可同时按【Shift】快捷键选取,当按下【CapsLock】键时,可直接用此快捷键切换)	1	移动工具	【V】
	2	直接选取工具、组选取工具	【A】
	3	钢笔、添加锚点、删除锚点、改变路径角度	【P】
	4	添加锚点工具	【+】
	5	删除锚点工具	【-】
	6	文字、区域文字、路径文字、竖向文字、竖向区域文字、竖向路径文字	【T】
	7	椭圆、多边形、星形、螺旋形	【L】
	8	增加边数、倒角半径及螺旋圈数	(在【L】、【M】状态下绘图)【↑】
	9	减少边数、倒角半径及螺旋圈数	(在【L】、【M】状态下绘图)【↓】
	10	矩形、圆角矩形工具	【M】
	11	画笔工具	【B】
	12	铅笔、圆滑、抹除工具	【N】
	13	旋转、转动工具	【R】
	14	缩放、拉伸工具	【S】
	15	镜向、倾斜工具	【O】
	16	自由变形工具	【E】
	17	混合、自动勾边工具	【W】
	18	图表工具（七种图表）	【J】
	19	渐变网点工具	【U】
	20	渐变填色工具	【G】

类别	序号	名称	快捷键
工具箱 (多种工具共用一个快捷键的,可同时按【Shift】快捷键选取,当按下【CapsLock】键时,可直接用此快捷键切换)	21	颜色取样器	【I】
	22	油漆桶工具	【K】
	23	剪刀、餐刀工具	【C】
	24	视图平移、页面、尺寸工具	【H】
	25	放大镜工具	【Z】
	26	默认前景色和背景色	【D】
	27	切换填充和描边	【X】
	28	标准屏幕模式、带有菜单栏的全屏模式、全屏模式	【F】
	29	切换为颜色填充	【<】
	30	切换为渐变填充	【>】
	31	切换为无填充	【/】
	32	临时使用抓手工具	【空格】
	33	精确进行镜向、旋转等操作	选择相应的工具后按【回车】
	34	复制物体	在【R】【O】【V】等状态下按【Alt】+鼠标拖动物体
文件操作	1	新建图形文件	【Ctrl】+【N】
	2	打开已有的图像	【Ctrl】+【O】
	3	关闭当前图像	【Ctrl】+【W】
	4	保存当前图像	【Ctrl】+【S】
	5	另存为…	【Ctrl】+【Shift】+【S】
	6	存储副本	【Ctrl】+【Alt】+【S】
	7	页面设置	【Ctrl】+【Shift】+【P】
	8	文档设置	【Ctrl】+【Alt】+【P】
	9	打印	【Ctrl】+【P】
	10	打开"预置"对话框	【Ctrl】+【K】
	11	回复到上次存盘之前的状态	【F12】
编辑操作	1	还原前面的操作(步数可在预置中)	【Ctrl】+【Z】
	2	重复操作	【Ctrl】+【Shift】+【Z】
	3	将选取的内容剪切放到剪贴板	【Ctrl】+【X】或【F2】
	4	将选取的内容拷贝放到剪贴板	【Ctrl】+【C】
	5	将剪贴板的内容粘贴到当前图形中	【Ctrl】+【V】或【F4】
	6	将剪贴板的内容粘贴到最前面	【Ctrl】+【F】

类别	序号	名称	快捷键
编辑操作	7	将剪贴板的内容粘贴到最后面	【Ctrl】+【B】
	8	删除所选对象	【Del】
	9	选取全部对象	【Ctrl】+【A】
	10	取消选择	【Ctrl】+【Shift】+【A】
	11	再次转换	【Ctrl】+【D】
	12	置于顶层	【Ctrl】+【Shift】+【]】
	13	前移一层	【Ctrl】+【]】
	14	置于底层	【Ctrl】+【Shift】+【[】
	15	后移一层	【Ctrl】+【[】
	16	群组所选物体	【Ctrl】+【G】
	17	取消所选物体的群组	【Ctrl】+【Shift】+【G】
	18	锁定所选的物体	【Ctrl】+【2】
	19	锁定没有选择的物体	【Ctrl】+【Alt】+【Shift】+【2】
	20	全部解除锁定	【Ctrl】+【Alt】+【2】
	21	隐藏所选物体	【Ctrl】+【3】
	22	隐藏没有选择的物体	【Ctrl】+【Alt】+【Shift】+【3】
	23	显示所有已隐藏的物体	【Ctrl】+【Alt】+【3】
	24	联接断开的路径	【Ctrl】+【J】
	25	对齐路径点	【Ctrl】+【Alt】+【J】
	26	调合两个物体	【Ctrl】+【Alt】+【B】
	27	取消调合	【Ctrl】+【Alt】+【Shift】+【B】
	28	调合选项	选【W】后按【回车】
	29	新建剪切蒙版	【Ctrl】+【7】
	30	取消剪切蒙版	【Ctrl】+【Alt】+【7】
	31	复合路径	【Ctrl】+【8】
	32	取消复合路径	【Ctrl】+【Alt】+【8】
	33	再次应用最后一次使用的滤镜	【Ctrl】+【E】
	34	应用最后使用的滤镜并调节参数	【Ctrl】+【Alt】+【E】

附表 Illustrator 快捷键

类别	序号	名称	快捷键
文字处理	1	文字左对齐或顶对齐	【Ctrl】+【Shift】+【L】
	2	文字中对齐	【Ctrl】+【Shift】+【C】
	3	文字右对齐或底对齐	【Ctrl】+【Shift】+【R】
	4	文字分散对齐	【Ctrl】+【Shift】+【J】
	5	精确输入字距调整值	【Ctrl】+【Alt】+【K】
	6	将字距设置为0	【Ctrl】+【Shift】+【Q】
	7	将字体宽高比还原为1∶1	【Ctrl】+【Shift】+【X】
	8	左/右选择1个字符	【Shift】+【←】/【→】
	9	下/上选择1行	【Shift】+【↑】/【↓】
	10	选择所有字符	【Ctrl】+【A】
	11	将文字转换成路径	【Ctrl】+【Shift】+【O】
	12	增加字号	【Ctrl+Shift+">"】
	13	减小字号	【Ctrl+Shift+"<"】
	14	增加行距	【Alt+"↑"】
	15	减少行距	【Alt+"↓"】
	16	向上偏移	【Shift+Alt+"↑"】
	17	向下偏移	【Shift+Alt+"↓"】
视图操作	1	将图像显示为边框模式（切换）	【Ctrl】+【Y】
	2	对所选对象生成预览（在边框模式中）	【Ctrl】+【Shift】+【Y】
	3	放大视图	【Ctrl】+【+】
	4	缩小视图	【Ctrl】+【-】
	5	放大到页面大小	【Ctrl】+【0】
	6	实际象素显示	【Ctrl】+【1】
	7	显示/隐藏所路径的控制点	【Ctrl】+【H】
	8	隐藏模板	【Ctrl】+【Shift】+【W】
	9	显示/隐藏标尺	【Ctrl】+【R】
	10	显示/隐藏参考线	【Ctrl】+【;】
	11	锁定/解锁参考线	【Ctrl】+【Alt】+【;】
	12	将所选对象变成参考线	【Ctrl】+【5】
	13	将变成参考线的物体还原	【Ctrl】+【Alt】+【5】
	14	贴紧参考线	【Ctrl】+【Shift】+【;】
	15	显示/隐藏网格	【Ctrl】+【"】
	16	智能参考线	【Ctrl】+【U】

类别	序号	名称	快捷键
视图操作	17	显示/隐藏"字体"面板	【Ctrl】+【T】
	18	显示/隐藏"段落"面板	【Ctrl】+【M】
	19	显示/隐藏"画笔"面板	【F5】
	20	显示/隐藏"颜色"面板	【F6】/【Ctrl】+【I】
	21	显示/隐藏"图层"面板	【F7】
	22	显示/隐藏"信息"面板	【F8】
	23	显示/隐藏"渐变"面板	【F9】
	24	显示/隐藏"描边"面板	【F10】
	25	显示/隐藏"属性"面板	【F11】
	26	显示/隐藏所有命令面板	【TAB】

附表 Illustrator 快捷键

参考文献

1．黄莉、周婷婷编著：《Illustrator CS3 平面设计技能进化手册》，人民邮电出版社，2008 年。

2．杨雨濛、赵青编著：《Photoshop + Illustrator 平面设计实战：从入门到精通》，人民邮电出版社，2015 年。

3．九州书源编著：《Illustrator 平面设计》，清华大学出版社，2011 年。

Illustrator 基础与实训